2021年江苏省主题出版重点出版物

水利百年丛书

百年百"工"

丛书主编◎吴中如
唐洪武
徐 辉
本册主编◎张 兵

河海大学出版社
HOHAI UNIVERSITY PRESS
·南京·

图书在版编目(CIP)数据

百年百“工”/ 张兵主编. -- 南京：河海大学出版社，2021.6

（水利百年丛书/吴中如，唐洪武，徐辉主编）

ISBN 978-7-5630-6989-7

Ⅰ. ①百… Ⅱ. ①张… Ⅲ. ①水利史－中国－现代 Ⅳ. ①TV-092

中国版本图书馆CIP数据核字(2021)第096379号

书　　名　百年百“工”
　　　　　BAI NIAN BAI “GONG”
书　　号　ISBN 978-7-5630-6989-7
策划编辑　朱婵玲
责任编辑　金　怡　陈丽茹
特约编辑　曾雪梅　蒋艳红
特约校对　俞　婧
装帧设计　红骑士设计
出版发行　河海大学出版社
网　　址　http://www.hhup.com
地　　址　南京市西康路1号(邮编:210098)
电　　话　(025)83737852(总编室)
　　　　　(025)83722833(营销部)
经　　销　江苏省新华发行集团有限公司
排　　版　南京布克文化发展有限公司
印　　刷　南京工大印务有限公司
开　　本　787毫米×1092毫米　1/16
印　　张　17.25
字　　数　272千字
版　　次　2021年6月第1版
印　　次　2021年6月第1次印刷
定　　价　138.00元

水利百年丛书

丛书主编◎吴中如
唐洪武
徐　辉

《百年百“工”》编写组

本册主编 ◎ 张　兵

本册副主编 ◎ 赵二峰　吴卿凤　方　敏

编写组成员 ◎ （按姓氏笔画）

王子健　石　磊　史佳枫

李　昕　吴蕴慧　范博伟

郑　森　郭　金　黄啸宇

蔡　红

前言

一百年，在时间的长河里不过是短暂的一瞬，但在人类社会的历史中却又是一段不短的历程。四千多年前，大禹开启了中华民族治水兴邦的文明史，自此历代禹之传人兴水利、除水患，踵事增华，薪火相传，谱写了无数可歌可泣的治水故事，树立了不可计数的治水丰碑。大禹、孙叔敖、西门豹、李冰等名字如星辰般灿烂，闪耀在华夏的天空，熠熠生辉；芍陂、郑国渠、引漳十二渠、都江堰、京杭大运河等著名水利工程不仅载入中华文明的煌煌史册，而且大多历经数千年还在造福世人。

历史的车轮驶入近代，李仪祉、郑肇经、汪胡桢、张含英等一批水利人在继承中国古代治水经验的基础上，积极吸纳近现代文明的技术成果，开启了中国近现代水利的新篇章。中华人民共和国成立后，水利作为国民经济的基础，在党和国家的领导下，取得了快速发展和辉煌成就，不仅各大江河的水患得到了根治，而且涌现出葛洲坝水利枢纽、三峡水利枢纽、黄河小浪底水利枢纽等一大批超级工程。这些水利枢纽工程变水害为水利，发挥了防洪、灌溉、发电、航运、旅游等综合利用效益。

江河作证，历史为凭，江河安澜——中华民族几千年的夙愿，只有在中国共产党领导下才得以真正的实现。2021 年是中国共产党成立 100 周年，中国近现代水利事业也已走过了 100 多年的发展历程。为回顾来路，绍继前贤，继承中华治水文明，弘扬水利精神、中国精神，河海大学精心组织策划了《水利百年丛书》。

《水利百年丛书》包括《百年百“工”》《百年百“禹”》两个系列。《百年百“工”》选取了我国百座典型水工程，通过对其开发建设管理和经济社会效益发挥的介绍，使读者对我国水工程百年艰辛发展历程和取得的辉煌成就有一个全面的认识，且兼顾了不同水工程的独特性，囊括了水利枢纽工程、引水工程、分洪工程、大型灌区、堤坝工程及港口工程等不同类型。

同时介绍了一大批各具特色的典型工程，例如锦屏一级、三峡、龙滩等一系列世界之最的水电站大坝工程，新安江水电站——我国首座自行勘测、设计、施工的大型水电站，等等。《百年百“禹”》(第一辑)为读者展现了百年来中国近现代“大禹”们的风采，他们学贯中西，业通古今，秉承“大禹精神”，心怀治水兴水宏愿，用汗水、智慧筑起大坝、电站、港口、码头，建起灌区，疏河通渠，在水利、水电、水运等各条战线上做出了不凡的业绩；他们怀着“功成不必在我、功成必定有我”的信念，身体力行，公而忘私，曾经历困顿却始终心向光明，内心深处始终燃烧着为水利事业奋斗的理想之火。

忆往昔，向未来。治水为民，千秋伟业。巍巍大坝，盛世良景。水利从来都是和民生密切相关，夯实水安全保障基础，增进民生福祉，不断增强人民群众获得感、幸福感、安全感，是水利部门、水利工作者的责任和使命。当前，我国水安全形势依然严峻，水利工作者一定要贯彻落实习近平总书记“节水优先、空间均衡、系统治理、两手发力”的治水兴水新思想、新思路、新要求，统筹做好水灾害防治、水资源节约、水生态保护修复、水环境治理等工作，不断加快流域保护治理体系提档升级，完善防洪减灾体系、水资源综合利用体系、水生态环境保护体系、流域综合管理体系，全力保障国家水安全。

百年来，我国水利事业的发展历程见证了中国共产党如何带领中国人民走向繁荣，走向富强，铭记了大国重器如何护佑江河安澜、助力经济发展、创造美好生活。在这百年中，水利人风雨兼程，只为民族复兴；在这百年中，水利人不忘初心，唯为造福人民。这一个个名字，在中国水利建设史和发展史上闪耀着永远的光芒，代表着水利精神、民族栋梁；这一个个雄伟的水利工程，巍然屹立于江河之中，代表着国家力量、人民智慧，彰显着中国精神、中国自信。

大禹精神，包含了济世情怀、奋斗精神、创新追求、科学态度、开放胸襟。一代代杰出水利人的生平和事迹，正是“大禹精神”最生动的写照，一座座重大水利工程，是中国“大禹治水”的不朽丰碑，永远是后人汲取力量的源泉、学习奋进的榜样。

《水利百年丛书》是讲好中国水利人的故事，弘扬水利精神、中国精神，彰显中国力量、中国自信的有益尝试，既符合时代的主题，又具有现实的意义。我们祈愿，以这套丛书为起点，不断萌发、开花、结果，直至蔚为大观。

编写组

2021 年 2 月

目录

锦屏一级水电站全景

锦屏一级水电站
——世界最高的双曲拱坝

锦屏一级水电站位于四川省凉山彝族自治州木里县和盐源县境内，是雅砻江干流下游河段的控制性水库梯级电站，下距河口 358 km，距西昌市直线距离约 75 km，是雅砻江干流下游卡拉至江口河段规划的 5 个梯级电站的龙头电站。坝址以上流域面积 10.3 万 km^2，占雅砻江流域面积的 75.4%，多年平均流量为 1 220 m^3/s，平均年径流量 385 亿 m^3。工程开发的主要任务是发电，并结合汛期蓄水，兼有分担长江中下游地区防洪任务的作用。

拥有 305 m 世界第一高坝的锦屏一级水电站工程地质条件极其复杂，具有高山峡谷、高拱坝、高边坡、高地应力、高水头及深部卸荷“五高一深”特点，工程建设极具挑战性，被国内外专家公认为是“地质条件最复杂、施工环境最恶劣、技术难度最大、建设管理难度最大”的巨型水电工程。锦屏一级水电站前期勘测设计工作始于20世纪50年代，可行性研究报告于2003年11月通过。2005年9月正式核准开工建设，2006年12月4日大江截流，2013年8月30日首批两台机组投产发电，2014年7月电站建成，全部机组投产，2014年8月工程首蓄至正常蓄水位1 880 m。电站建成后，供电四川、重庆和华东地区，其中50%的电量输往华东地区。

锦屏一级水电站工程规模巨大，主要由混凝土双曲拱坝(包括水垫塘和二道坝)、右岸泄洪洞、右岸引水发电系统及开关站等组成。水库总库容77.65亿 m^3，正常蓄水位1 880 m，死水位1 800 m，正常蓄水位以下库容77.6亿 m^3，调节库容49.1亿 m^3，属年调节水库。电站总装机容量3 600 MW，多年年均发电量166.2亿kW·h，年利用小时数4 616 h。

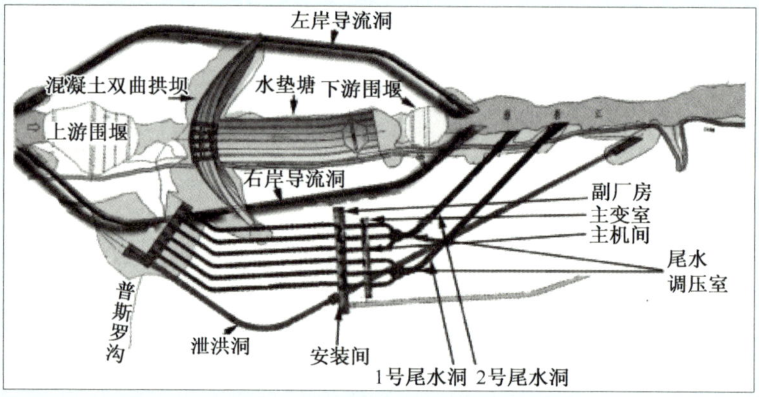

锦屏一级水电站枢纽平面布置图

锦屏一级水电站在施工过程中创造了多项世界第一，包括：①世界最高的双曲拱坝，坝高305 m；②世界最大规模、最复杂的特高拱坝基础处理工程；③世界地质条件最复杂的坝肩高陡边坡治理工程；④首次进行水电站工程枢纽区大规模自然边坡危岩体治理，危岩体的治理范围和规模居世界第一；⑤在高山峡谷区域成功进行特高拱坝施工总布置，首次系统解决了场内交通、施工供水、施工供电、施工工厂设施、料场及弃渣场、施工营地等布置难题；⑥世界第一个采用坝身多层孔口无碰撞消能方式的特高拱坝；⑦世界第一个采用燕尾坎挑流消能工的有压接无压龙落尾形式泄洪洞；⑧世界最高具有生态环保分层取水功能的独立岸塔式电站进水口；⑨世界第一个在高地应力环境低岩石强度比条件下成功建成的大型地下洞室群工程；⑩世界最大直径的圆筒形阻抗式尾水调压室，直径 41.0 m、高度 80.5 m。

2014 年 11 月 29 日，拥有世界最高拱坝和世界最大规模水工隧洞群的四川省巨型水电站锦屏一级水电站全面建成投产仪式在凉山锦屏举行，锦屏一级水电站 14 台 60 万 kW 机组全面建成投产，四川省水电装机也由此突破6 000万 kW，占总电源装机容量比例超过 80%，数量和质量均稳居全国第一。锦屏一级水电站正常发电后，每年可节约原煤 768.2 万 t，减少排放二氧化硫 10.5 万 t，减少排放二氧化碳 1 371.2 万 t，对促进节能减排、实现清洁能源发展具有重要的意义，而且使四川电网枯水期平均出力增加 22.5%，极大优化了川渝电网电源结构；每年使雅砻江下游梯级电站增加发电量 60 亿 kW·h，使金沙江溪洛渡、向家坝、长江三峡和葛洲坝水电站增加发电量 37.7 亿 kW·h。

这座全世界挡水高度最高的双曲拱坝是世界上首座采用数字化手段进行智能建造的水电工程，无人碾压、数字指挥系统、混凝土精细浇筑及高边坡智能维护系统等中国目前水电基建工程领域的一流建造技艺为全球第一座智慧大坝的建成奠定了基础。水电行业一直有一句话，叫"三峡最大，锦屏最难"，锦屏一级水电站的施工难度世界罕见，这里不仅有全世界最高的双曲拱坝，还利用雅砻江 150 km 锦屏大河湾的天然落差，裁弯取直开挖隧洞引水发电，成功打通了全球规模最大的山体隧道。工程于 2014 年 8 月蓄水至正常水位以来已经过多次洪水考验，大坝、地基、高边坡的变形、应力、渗流、渗压等各项指标均满足设计要求，运行工况良好。工程在特高拱坝复杂地基变形控制，高陡边坡的稳定安全控制，高地应力、构造发育的地下厂房洞室群围岩稳定，高水头、超高流速、大泄量泄洪，特高拱坝混凝土防裂等方面技术创新成果突出，社会经济环境效益显著。2018 年 6 月 3 日，锦屏一级水电站工程荣获第十五届中国土木工程詹天佑奖，同时还荣获了 2015 年世界工程组织联合会杰出工程建设奖、菲迪克 2018 年工程项目杰出成就奖。菲迪克工程项目杰出成就奖被誉为工程咨询领域的"诺贝尔奖"，由国际咨询工程师联合会颁发，2018 年全球总共 2 个项目获得杰出成就奖，锦屏一级水电站在全部获奖项目中排名第一，得到国际工程界的高度认可。

锦屏一级水电站作为雅砻江干流梯级开发的优质电源，将产生巨大的发电、防洪、拦沙、航运、节能减排等综合效益，极大地助力了当地脱贫攻坚，其开发建设可拉动当地的经济发展，对促进西部资源优势和东部经济优势互补具有深远的意义。

锦屏二级水电站大坝

锦屏二级水电站

——世界上总体规模最大、综合难度最大的水工隧洞群工程

锦屏二级水电站位于四川省凉山彝族自治州境内的雅砻江干流上，系雅砻江下游梯级开发的骨干电站，也是各梯级中利用水头最高、发电量最大、效益最好的水电站之一。工程于 2007 年 1 月 30 日正式开工，2012 年 12 月投产发电，2016 年 1 月枢纽工程通过竣工验收，总投资 380.56 亿元。

锦屏二级水电站利用雅砻江 150 km 大河湾的天然落差，通过长 16.67 km的引水隧洞将干流河道裁弯取直引水发电，开创了卓具成效的“大河湾开发模式”。锦屏二级水电站枢纽主要由首部拦河闸坝、引水系统、地下厂房三大部分组成，为低闸、长隧洞、高水头、大容量引水式电站。坝址位

锦屏二级水电站闸坝

于锦屏一级下游 7.5 km，属于大(Ⅰ)型工程，额定水头 288.0 m。共安装 8 台 600 MW 的水轮发电机组，装机 4 800 MW，多年平均年发电量 242.3 亿 kW·h。首部闸坝位于雅砻江大河湾西端的猫猫滩，最大坝高 34.0 m；地下厂房位于雅砻江大河湾东端的大水沟，采用尾部开发方式；引水系统由电站进水口、引水隧洞、上游调压室、高压管道、尾闸室、尾水隧洞以及尾水出口建筑物等组成。电站进水口位于闸址上游约 2.9 km 处的景峰桥，首部枢纽采用闸坝与进水口相分离的布置方案。闸址以上流域面积 10.3 万 km^2，闸址处多年平均流量 1 220 m^3/s。水库正常蓄水位 1 646 m，总库容 1 428 万 m^3，调节库容为 502 万 m^3，本身具有日调节性能，与锦屏一级同步运行同样具有年调节特性。

锦屏二级水电站是雅砻江各梯级电站中利用水头最高、发电量最大、效益最好的水电站，也是实施“西电东送”和“川电外送”战略的标志性工程。大型深埋隧洞群由 4 条引水隧洞和 2 条辅助洞及 1 条施工排水洞组成，总长达到 120 km，具有埋藏深、洞线长、洞径大、地应力水平高、岩溶水文地质条件复杂、施工布置困难等特点，是目前世界上已建、在建的总体规模最大、综合难度最大的水工隧洞群工程。工程建设过程中，面临着 2 500 m 级超深埋隧洞开挖、强岩爆破坏与千米级水头超高压突涌水危害处理等世界级技术难题，通过技术革新，创造了隧洞群开挖月进尺 3 300 m、58 个月全部贯通的世界纪录，创立了“隧道含水构造等不良地质超前预报定量识别及其灾害防治关键技术”“硬岩高应力灾害孕育过程的机制、预警与动态调控关键技术”“隧道与地下工程重大突涌水灾害治理关键技术及工程应用”“锦屏二级超深埋特大引水隧洞发电工程关键技术”等，成功攻克高

锦屏二级水电站地下厂房

锦屏二级地下洞群

埋深、高地应力、高压涌水、高水头和大容量机组设计与制造等世界级技术难题，荣获国家科学技术进步二等奖。锦屏二级水电站工程质量评价优良，对我国超长引水隧洞建设和引领国家水电科技进步都具有里程碑意义，于2020年获中国土木工程詹天佑奖。

锦屏极深地下暗物质实验室

此外，利用为水电站修建的锦屏山隧道建成的中国首个极深地下实验室——“中国锦屏地下实验室”于2010年12月12日揭牌并投入使用，垂直岩石覆盖深度达2 400 m，是目前世界岩石覆盖最深、体量最大、宇宙线通量最小、基础设施最完备的暗物质实验室。“暗物质”是一种极难被探测到的宇宙物质，为了探测暗物质，需要在自然条件最为苛刻的崇山峻岭下建造实验室，只有这样才能屏蔽宇宙射线的干扰。它的建成标志着我国拥有了世界一流的洁净的低辐射研究平台，能够自主开展像暗物质探测这样的国际最前沿的基础研究课题。清华大学实验组的暗物质探测器率先进入实验室，并启动探测工作；上海交通大学等研究团队也陆续进入这里开展暗物质探测研究。这对推动我国重大基础前沿课题的自主研究和应用研究意义重大。

龙滩水电站全景

龙滩水电站

——世界最高的碾压混凝土坝

龙滩水电站位于广西壮族自治区天峨县境内的红水河上，是红水河开发中最主要的骨干工程，“西电东送”的标志性工程，也是西部大开发的重点工程。龙滩水电站主体工程于 2001 年 7 月 1 日开工建设，总工期为 9 年，2003 年大江截流，2007 年 6 月首台机组发电，2009 年全部机组投产发电。

龙滩工程主要由碾压混凝土重力坝、发电厂房、泄水建筑物、通航建筑物等组成。拦河大坝为碾压混凝土重力坝，两岸坝轴线受坝址地形、地质条件的影响分别向上游折转 27°和 30°，为一折线形状。分两期建设，最大坝高前期为 192 m，二期工程结束时，坝顶高程 406.5 m，最大坝高 216.5 m，坝顶长 849 m。水库正常蓄水位 400 m，总库容 272.7 亿 m^3，防洪库容 70 亿 m^3。

龙滩拥有巨大的地下厂房，厂房总长度 388.5 m，主厂房净宽为 28.5 m，厂房总高度为 74.4 m。发电厂房后接压力引水隧洞，采用坝式进水口，单机单管引水，每 3 台机共用 1 个尾水调压井及 1 条尾水隧洞；泄洪建筑物布置在大坝河床部位，设有 7 个表孔和 2 个底孔，表孔两侧布置底孔，表、底孔均采用鼻坎挑流消能，底孔不担负泄洪任务，主要用于后期导流、水库放空和冲排沙任务；通航建筑物为两级平衡重式垂直升船机，全长 1 700 m，最大提升 179 m，分两级提升，分别为 88.5 m 和 90.5 m。

龙滩拥有世界上最高碾压混凝土大坝、最大的地下厂房和提升最高的升船机三项世界之最，在高碾压混凝土坝设计、防渗，高温多雨季节快速施工以及筑坝材料等方面取得了丰硕的成果。①采用碾压混凝土筑坝技术在高地震烈度区建 200 m 级高碾压混凝土坝；②采用高升程垂直升船机，解决枢纽通航问题；③综合采用传统方法和现代最新研究手段，进行400 m级左岸进水口高边坡设计；④采用断面经济、自防渗碾压混凝土重力坝，减少水泥用

龙滩碾压混凝土坝全景

量约 30%,节能环保;⑤引水发电系统全部布置在左岸地下,大大减少了明挖工程量,减少了对自然环境的影响;⑥工程利用开挖弃渣形成场地约 42.54 万 m^2,节约了工程投资;⑦水轮机运行水头变幅范围大(97～179 m),为在高运行水头差条件下使机组有较好的特性和机组稳定性,在水轮发电机组机电参数选择、机组稳定性和机电技术设计研究、设备配套选型、机组制造和安装工艺等方面进行了新研究;⑧研发了龙滩水库移民 GPS 综合决策支持系统,能够及时了解电站周围区域的环境和社会经济因素以及国土资源概况,实现电站淹没处理规划设计工作的科学化、系统化和信息化。龙滩水电工程质量优良,曾获菲迪克百年工程项目优秀奖。2007 年,国际大坝委员会主席路易斯·伯格先生在对龙滩水电工程进行考察后,给出了极高的评价——"龙滩大坝是世界碾压混凝土坝的新纪录,大坝建设质量好、性能优良。"

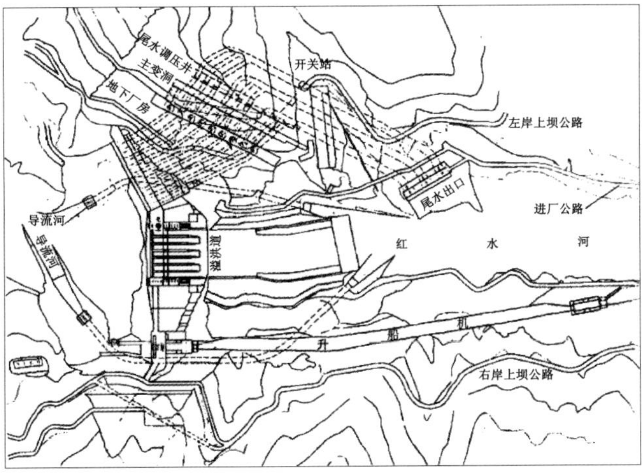

龙滩水电站枢纽布置

龙滩水电工程意义重大,作为西北江中下游及珠江三角洲防洪工程体系中的骨干工程,极大减轻了下游地区 1 700 万人、700 万亩* 耕地的洪水威胁。工程建成后,渠化了库区 224 km 航道,为内陆省份贵州提供了便捷、经济的出海水运通道,促进了沿河航运事业的振兴和当地经济发展。龙滩水电站发电效益巨大,是改善广西乃至华南地区能源结构的战略性工程。工程总装机 630 万 kW,年均发电量 187 亿 kW·h,工程建成后,50%以上的电力送往广东,作为广东"十一五"期间的电源点纳入电力电量平衡。可见,龙滩水电站的建设,对于推进西电东送,促进全国联网,在全国范围内实现能

* 1 亩≈666.7 m^2

龙滩水库

源资源的优化配置，满足广东和广西地区电力增长的需要，优化华南地区电源结构和电力结构，减轻红水河下游及西江两岸地区的洪水威胁，促进广西和贵州少数民族地区经济和社会的发展具有十分重要的现实意义和战略意义。与此同时，龙滩水力发电厂运行以来，在防洪灌溉、珠江口压咸补淡、水土保持、提升水质、维持生态平衡、节能减排、蓄能补偿方面也发挥着积极作用。

糯扎渡水电站全貌

糯扎渡水电站工程
——世界第三、亚洲第一高土石坝

糯扎渡水电站位于云南省普洱市翠云区和澜沧县交界处的澜沧江下游干流上，是澜沧江中下游河段八个梯级规划的第五级。上、下游分别为已建的大朝山水电站和景洪水电站，电站距上游大朝山水电站河道 215 km，距下游景洪水电站 102 km。电站以发电为主，兼顾景洪城市和农田防洪任务，并有改善航运、发展旅游等综合利用效益。水库正常蓄水位 812.00 m，汛期限制水位 804.00 m，死水位 765.00 m，总库容 237.03 亿 m^3，调节库容 113.35 亿 m^3，具有多年调节能力。电站共安装 9 台 65 万 kW 机组，总装机容量 585 万 kW，保证出力为 240 万 kW，多年平均发电量 239.12 亿 kW · h，每年可节约 956 万 t 标准煤，减少二氧化碳排放 1 877 万 t。作为建成时云南省最大的水电站，糯扎渡水电站是实现国家资源优化配置、全国联网目标的骨干工程，是实施“西电东送” 及“云电外送”战略的基础项目。

糯扎渡水电站主体工程于 2006 年 1 月开工，2007 年 11 月工程截流，2008 年 1 月坝体开始填筑，2011 年 11 月导流洞下闸，2012 年 7 月首台机组投产发电，2013 年 6 月大坝工程全部完工，水库蓄至正常蓄水位 812.00 m；截至 2014 年 5 月 28 日，全部 9 台机组已投产发电。2015 年 6 月工程建设完成，主体工程历时 8 年半，较初设工期提前 2 年完成。

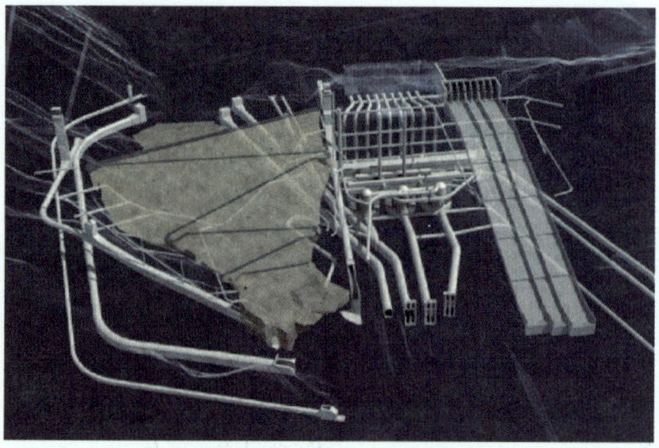
糯扎渡水电站枢纽布置

糯扎渡水电站由心墙堆石坝、开敞式溢洪道、引水发电系统等组成。主体为砾石土心墙堆石坝，最大坝高为 261.5 m，是亚洲最高、世界第三高的土石坝。水库总容量 237.03 亿 m^3，相当于 16 个滇池的蓄水量。大坝坝顶中部高程为 824.10 m，心墙底面最低高程 560.00 m，坝顶上游侧设置混凝土防浪墙，坝顶长 630.06 m，坝顶宽度为 18 m，大坝上游坝坡坡度为 1∶1.9～1∶1.833，下游坝坡坡度为 1∶1.8～1∶1.737。开敞式溢洪道规模居亚洲第一，泄洪功率和流速为世界第一，溢洪道布置在左岸天然垭口上，极大地减少了开挖工程量，水平总长 1 445.18 m，宽 151.5 m，包括进水渠段、闸室控制段、泄槽段、挑流鼻坎段及出口消力塘段等部分。引水发电系统位于坝体左岸，共布置主体洞室 87 条、施工支洞 26 条，洞室总长 22 km，累计开挖工程量 290 万 m^3，混凝土总量约 86 万 m^3，金属结构及设备安装量约 1.1 万 t。

糯扎渡水电站工程特点如下。

(1) 水库总库容相当于 16 个滇池。

据介绍，通过几年时间完成蓄水任务后，糯扎渡电站的水库总库容将达到 237.03 亿 m^3，相当于 16 个滇池。电站水库具有多年调节能力，建成后可将下游景洪市的防洪标准由 20 年一遇提高到 100 年一遇。

(2) 国内首创用数字管大坝。

糯扎渡水电站拥有6大国内领先技术:创新性地应用数字大坝管理系统、率先运用黏土心墙掺砾工艺、实施电站分层取水方案、焊缝TOFD检测技术的推广、建成生物多样性保护设施、实现生产废水和生活污水"零排放",创造了工程管理最优、建设工期最短、规程规范首创、科技创新卓著、工程环境友好、社会责任突出、带动地方发展、工区平安和谐8大典型成果。工程自2013年首蓄以来,已通过多次洪水期考验,运行状况良好。工程渗漏量最大为15 L/s,为国内外同类工程最小。可见,工程建设质量优良、运行状况良好、技术创新突出,被誉为世界最具代表性的高堆石坝国际里程碑工程,并于2018年获中国土木工程詹天佑奖。

(3) 打造绿色水电示范工程。

糯扎渡水电站在生态保护方面做出了巨大努力,修建了鱼类增殖站、珍稀植物园、动物拯救站,把需要保护的野生动物在蓄水前拯救回来,保护了澜沧江流域的生物多样性,实现了水电开发与环境保护相得益彰。

糯扎渡水电站观景台

糯扎渡水电站的建设，体现了国家实施西部大开发战略的重点要求，既是国家重要的基础建设设施，又可以带动云南省特别是普洱市工业、农业、旅游业、渔业、乡镇企业等产业的迅猛发展，在澜沧江流域形成新的经济发展带，把西部地区的发展潜力转换为现实生产力，把潜在市场转化为现实市场，把资源优势转化为经济优势。

白鹤滩水库效果图

白鹤滩水电站
——世界在建规模最大的水电站

“两厓峻极若登天，下视此江如井里”是古人对金沙江及其江畔险峻山峰的描述，但他们一定想不到后人竟有如此胆识，能筑高坝与险山比肩。白鹤滩水电站位于四川省宁南县和云南省巧家县境内，是金沙江下游干流河段四个梯级开发——乌东德、白鹤滩、溪洛渡、向家坝中的第二个梯级电站。白鹤滩水电站上游距巧家县城约 41 km，距乌东德坝址约 182 km；下游距溪洛渡水电站约 195 km，距宜宾市河道约 380 km。白鹤滩水电站工程是贯彻习近平总书记提出的“要坚持生态优先、绿色发展，科学有序推进金沙江水能资源开发”重要指示，落实党中央、国务院作出的“推进生态文明建设，加快调整能源结构和供给侧改革，确保能源安全和生态文明建设”要求，大力推进西南水电开发，增加清洁电力供应的重点工程。

白鹤滩水电站为大(Ⅰ)型工程，是目前世界在建规模最大、单机容量最大的水电站。枢纽工程静态投资 1 430.7 亿元，动态投资 1 778.9 亿元，设计规划总工期 144 个月，其中工程筹建期 40 个月，主体工程施工期 80 个月，工程完建期 2 年。该工程由拦河坝、泄洪消能设施、引水发电系统等主要建筑物组成。

建设中的白鹤滩双曲拱坝

白鹤滩水库控制流域面积 43.03 万 km^2，总库容 206.27 亿 m^3，控制金沙江流域面积的 91%，居我国高拱坝库容第一；为年调节水库，调节库容为 104.36 亿 m^3，防洪库容为 75.00 亿 m^3，仅次于三峡工程和丹江口工程，具有超强的防洪能力，是长江防洪体系的重要组成部分；正常蓄水位 825 m，防洪限制水位 785 m。

拦河坝为混凝土双曲拱坝，坝底高程 545 m，坝顶高程 834 m，最大坝高 289 m，属 300 m 级的高拱，坝拱顶厚度 14 m，最大拱端厚度83.91 m，含扩大基础最大厚度 95 m，混凝土浇筑方量约 803 万 m^3，为低热水泥混凝土。

地下厂房采用首部开发方式，是世界在建的最大地下厂房，左右岸地下厂房分别长 453 m、高 88.7 m、宽 34 m，足足可以装进数栋 30 层高的摩天大厦，最大水平埋深 1 050 m，垂直埋深 330 m，空间大小相当于 1.5 个“水立方”体育馆大小。左、右岸各布置 8 台具有自主知识产权的水轮机组，单机容量 100 万 kW，总装机容量 1 600 万 kW，预计多年平均发电量 624.43 亿 kW · h，是世界水电史上首次采用单机 100 万 kW 机组的水电项目，是世界水电行业的“珠穆朗玛峰”。引水系统采用单机单洞，单机流量为 547.8 m^3/s，尾水系统两机共用一个尾水调压室和一条尾水隧洞。洞室开挖多项指标远超国家标准，均达到精品典范水准。

历时 10 多年的科研、勘测、设计和 6 年多精心筹备，2017 年 8 月 3 日，白鹤滩水电站工程进入主体工程全面建设阶段。2021 年 4 月 6 日，白鹤滩大坝 2 号导流底孔下闸，库区水位开始慢慢抬升，标志着世界在建规模最大的水电站开始下闸蓄水。预计 2021 年 7 月白鹤滩水电站将实现首批机组投产发电，2022 年 7 月完成全部机组投产发电，2023 年工程整体完工。

白鹤滩大坝工程

一方面，白鹤滩水电站工程被称为中国乃至世界上难度最大的水电工程之一，主要特性指标均居世界前列。单机容量(100 万 kW)世界第一、圆筒式尾水调压井规模世界第一、地下洞室群规模世界第一、300 m 级高坝抗震参数世界第一、300 m 级高坝全坝使用低热水泥混凝土世界第一、无压泄洪洞群规模世界第一，等等。另一方面，白鹤滩水电站具有巨大的综合利用效益：①发挥绿色引擎的作用，水电站建成投产后，多年平均年发电量624.43亿kW·h，保证出力5 500 MW，平均每年减少标煤消耗量约1 986×10^4 t，减少二氧化碳排放量约5 160×10^4 t，装机规模成为仅次于三峡工程的世界第二大水电站，将促进国家能源结构的优化和非化石能源减排承诺的实现；②提高防洪标准，工程建成后，与乌东德水库等联合运行，提高宜宾、泸州、重庆等城市防洪标准，还可与长江三峡水库联合调度，提高长江中下游防洪标准；③可望“舳舻千里”，工程建成后，库区航运条件得到极大改善，结合公路铁路交通建设，形成金沙江下游综合交通运输体系，将进一步提升长江“黄金水道”功能，对促进金沙江下游地区经济社会发展意义重大；④助力四川和云南两省脱贫攻坚。白鹤滩水电站建设可将当地的水电资源优势转化为经济优势，加快库区地区脱贫致富，为当地经济社会发展作出较大贡献。此外，作为正在崛起的“大国重器”，白鹤滩水电站也是我国“西电东送”的骨干电源，是继三峡工程之后我国水电的新“国家名片”。

小湾水电站全景

小湾水电站

——世界首座 300 m 级双曲拱坝

小湾水电站位于云南省南涧县与凤庆县交界的澜沧江中游河段黑惠江汇入口下游 1.5 km 处，是澜沧江中下游河段“两库八级”梯级开发中的第二级，安装 6 台单机 70 万 kW 机组，总容量 420 万 kW，年保证发电量 190 亿 kW · h，总库容 149 亿 m^3，水库正常蓄水位 1 240 m，死水位 1 166 m，以发电为主，兼有防洪、灌溉、拦沙及航运等综合利用效益，是澜沧江中下游河段的龙头电站。

小湾水电站于 1999 年 6 月开始筹建，2002 年 1 月 20 日正式开工，2004 年 10 月 25 日提前一年实现大江截流，2005 年 12 月 12 日大坝首仓混凝土浇筑，2008 年 12 月 16 日实现导流洞下闸蓄水。2009 年 9 月 25 日首台机组投产发电，当年实现“一年三投”目标，2010 年全部机组投产。2010 年 3 月 8 日，小湾水电站大坝全线浇筑封顶，至此，当时世界最高的 300 m 级双曲拱坝正式诞生。枢纽工程由混凝土双曲拱坝、坝后水垫塘与二道坝、坝身与左岸泄洪建筑物、右岸地下引水发电系统、500 kV 地面开关站等组成，其基岩峰值水平加速度、坝顶弧长、总水推力等关键指标，在世界拱坝建设中均居第一。

小湾特高拱坝泄洪

小湾水电站的建设攻克了多项技术难题，推动我国拱坝设计、施工等技术上了一个新台阶。

(1) 大坝为抛物线形变厚度双曲拱坝，坝顶高程 1 245 m，最大坝高 294.5 m，是世界首座 300 m 级双曲拱坝。

(2) 小湾坝址区地质环境复杂，历史上地震频繁。经国家地震局地质研究所调查、鉴定，小湾枢纽区地震基本烈度为Ⅷ度，要按照 600 年超越概率 10%时 0.308 g 的峰值水平加速度做抗震分析。小湾高拱坝坝体抗震安全评价、应力控制标准及工程抗震措施、高拱坝坝肩静力工况和动力工况下的稳定性分析均为当今世界坝工设计上的关键技术难题。因此，小湾工程坝工设计以及抗震工程措施研究为世界同类工程之最。

(3) 小湾泄洪消能建筑物由坝身 5 个表孔、6 个中孔、水垫塘、二道坝和左岸 1 条泄洪隧洞组成。校核洪水泄洪量为 20 683 m^3/s，相应泄洪功率达 46 060 MW，泄洪功率指标居世界同类坝型之最。高水头大流量的泄洪消能和坝体泄洪振动问题十分突出，泄洪消能建筑物的设计为世界同类工程之最。

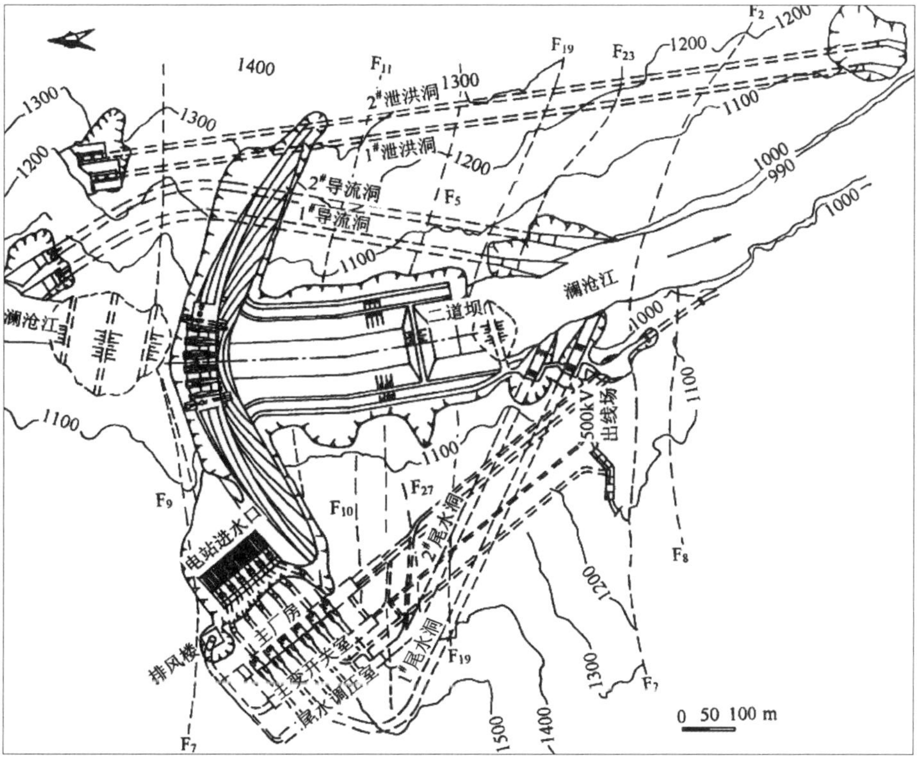

小湾水电站枢纽布置

(4) 小湾水电站的引水发电系统位于右岸，由引水建筑物、主副厂房、主变压器室、尾水建筑物及出线场等组成。地下厂房安装 6 台 700 MW 混流式水轮发电机组。水轮机最大水头 251 m，最小水头 164 m，变幅为 87 m。蜗壳处最大静水压力 260 m，最大动水压力达 290 m。水轮发电机组具有高水头、高转速、水头变幅大、水推力大等特点。超大规模的地下洞室群围岩稳定设计、水轮发电机组的设计制造难度大，部分指标居世界前列。

(5) 小湾工程枢纽区地形陡峻，建筑物布置集中，施工场地狭窄，施工技术难度很高。主体工程土石方明挖 1 918 万 m^3，石方洞挖 449 亿 m^3、混凝土 1 056 万 m^3、金属结构制造安装 3.98 万 t，其中的关键施工技术问题如下：5 台 30 t、跨度 1 100 m 的缆机工程设计施工；高度近 700 m 的高边坡开挖与支护；大坝混凝土浇筑高峰月强度 22 万 m^3、高峰年强度 225 万 m^3 的施工；大坝混凝土最大浇筑仓面 26 m × 73 m 的施工期温控。以上各项施工指标位居世界同类工程之首。

小湾发电厂房

同时担任三峡工程和小湾工程专家委员会主任的两院院士潘家铮说："水电大坝是土木工程之王，小湾大坝是王中之王，是当之无愧的世界第一难高坝，是人类现代文明的体现和高科技的结晶。"小湾工程作为复杂地质条件下建设的世界首座 300 m 的高拱坝，挑战传统，突破常规，开创性解决了特高拱坝结构设计、复杂基础处理、混凝土温度控制、工作性态全过程实时评价等核心难题，建立了 300 m 级高拱坝关键技术体系，引领世界高拱坝建设迈上新的台阶，为世界拱坝技术发展作出了重要贡献。小湾水电站的建设称得上是中国水电建设史上的一次飞跃，创造了水电建设史上的奇迹。149 亿 m^3 的水库库容，使小湾电站具备调节多年水量功能，这不仅使下游漫湾、大朝山和景洪电站的保证出力增加约 110 万 kW，相当新建一座百万千瓦级调峰电站，还使科学调度下游境内外河道的水量成为可能，有助于航运、农田灌溉、拦沙等功能发挥。工程投运以来，运行正常，工程综合效益显著，极大地改善了地方基础设施建设，有力促进了地方经济社会发展，荣获了 2016 年第二届碾压混凝土坝"国际里程碑工程奖"、菲迪克 2019 年度工程项目奖。

拉西瓦水电站全景

拉西瓦水电站
——黄河上游最高的双曲拱坝

拉西瓦水电站是黄河上游龙羊峡至青铜峡河段规划的大中型水电站中紧接龙羊峡水电站的第二个梯级电站，位于青海省贵德县与贵南县交界的黄河干流上。电站距上游龙羊峡水电站 32.8 km，距下游李家峡水电站 73 km，距青海省西宁市公路 134 km，距下游贵德县城 25 km，对外交通便利。

拉西瓦水电站装机容量 420 万 kW。水库正常蓄水位 2 452 m，校核洪水位 2 457 m，总库容 10.79 亿 m^3，水库具有日调节能力，调节库容 1.5 亿 m^3。电站多年平均发电量 102.23 亿 kW·h，保证出力 99 万 kW，额定水头 205 m。

工程枢纽建筑物由混凝土双曲拱坝(坝身 3 个表孔、2 个深孔、1 个底孔),坝后消力塘和右岸地下引水发电系统组成。对数螺旋线双曲拱坝坝顶高程 2 460 m,最大坝高 250 m,拱冠梁底部宽 49 m、坝顶宽 10 m,是黄河上游最高的双曲拱坝。压力引水管道为单机管供水的地下埋管,管径 9.5 m,单管引水流量 380 m^3/s,最大静水压为 234.7 m。地下厂房洞室群布置在距岸边 150～466 m、埋深 230～426 m 的花岗岩体内。主、副厂房,主变压器开关室和尾水调压室轴线相互平行布置。主、副厂房总长 316.75 m,主厂房最大开挖高度 74.9 m。尾水系统采用 3 台机共用 1 个尾水调压室、1 条尾水洞形式。阻抗式调压室内径 28 m、高 52 m。在尾水调压室与主变开关室之间,设置尾水闸门操作室。

拉西瓦电站最突出的是 750 kV 的出线电压等级,为国内最高;207 m 的高落差金属管道母线为世界之最;大型反拱消力塘在国内首次采用;导流洞闸门充压式水封为国内首次采用,能够较好地适应门槽的安装偏差,保证闸门的顺利下闸及可靠封水;250 m 高拱坝采用初期蓄水发电为国内首次;从混凝土开仓浇筑到下闸蓄水、投产发电所用的时间最短;单位千瓦投资国内最低;工程质量、安全文明施工处于国内同行业领先水平。

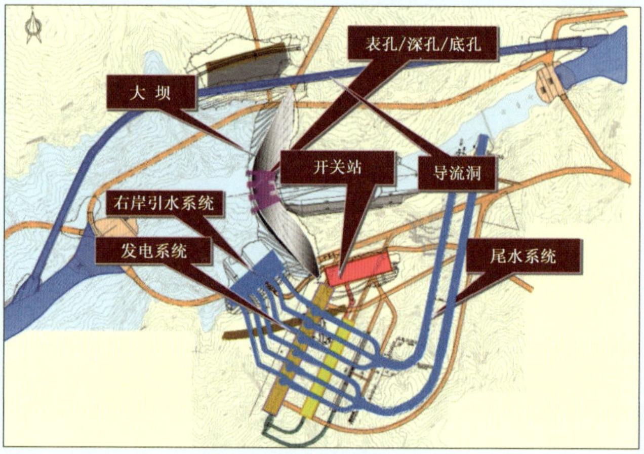

拉西瓦水电站枢纽布置

拉西瓦水电工程是黄河流域规模最大、电量最多、经济效益良好的水电工程,是“西电东送”北通道的骨干电源工程,也是实现西北水火电“打捆”送往华北电网的战略性工程。拉西瓦水电站的建设,不仅将青海地区资源优势变化为经济优势,而且有力推动了西北地区以及周边地区的经济发展,对促进社会全面发展具有十分重要的意义。

溪洛渡水电站全景

溪洛渡水电站
——中国第二大水电站

溪洛渡水电站位于四川省雷波县和云南省永善县相接壤的溪洛渡峡谷，距下游宜宾市 184 km，至三峡、武汉、上海的直线距离分别为 770 km、1 065 km、1 780 km。该电站以发电为主，兼有拦沙、防洪、漂木、航运等综合利用效益，并配合三峡工程提高长江中下游地区的防洪能力，充分发挥了三峡工程的综合效益。

溪洛渡双曲拱坝工程规模巨大，电站装机容量 12 600 MW，在世界上仅次于三峡工程，和伊泰普水电站并列世界第二。由于具有 115.7 亿 m^3 的水库库容，可实现不完全年调节。电站运行初期保证出力 3 395 MW，多年平均年发电量 571.2 亿 kW · h，其中枯水期发电量达 145 亿 kW · h。工程于

2007 年 11 月 7 日截流，2013 年 6 月首批机组发电，2015 年竣工。

工程枢纽主要由拦河大坝、泄水建筑物、引水发电系统等组成。拦河大坝为混凝土双曲拱坝，拱坝坝顶高程 610.00 m，建基面最低高程 324.50 m，最大坝高达 285.5 m，混凝土总方量约 670 万 m^3，总水推力 1 400 万 t，要求基础具有较高的承载能力，使拱坝结构应力和稳定满足设计标准。泄水建筑物由坝身 7 个表孔、8 个深孔，坝后水垫塘及两岸山体内 4 条泄洪隧洞组成，枢纽最大泄洪流量可达 48 926 m^3/s，其中坝身泄洪量 32 278 m^3/s、泄洪洞群泄洪量 16 648 m^3/s，这三项指标均位居世界拱坝枢纽之首。引水发电系统位于两岸山体内，引水系统“一机一管”，主厂房与主变室、尾水闸门井、尾水调压井等大型洞室群紧凑布置，尾水系统“两机一洞”；两岸地下主厂房宽 31.9 m、高 75.6 m、长 439.7 m，是当前世界已建成的最大规模地下洞室群。

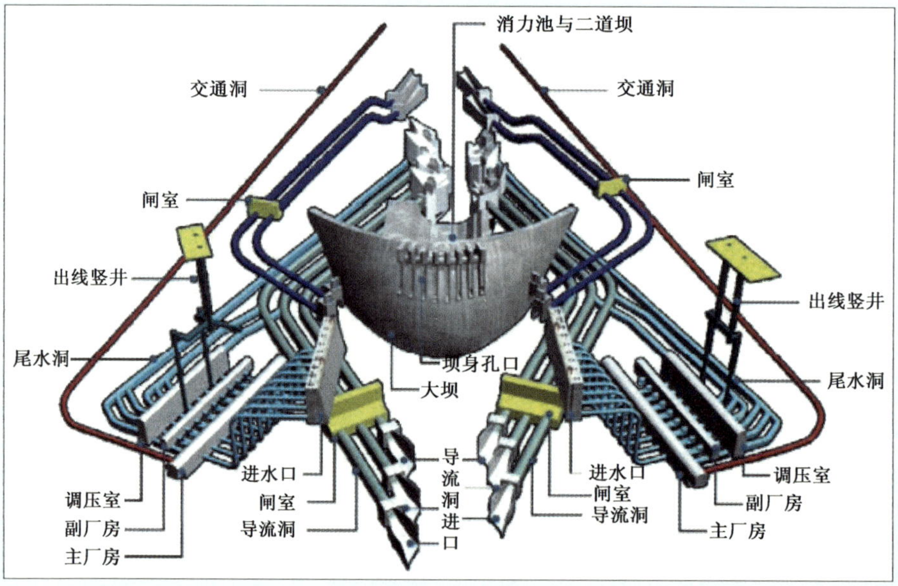

溪洛渡水电站枢纽布置

溪洛渡水电站位于深山峡谷地区，设计、施工技术难度高，不少技术问题的难度达到国内最高水平甚至超过世界水平。

(1) 高地震区高拱坝修建。混凝土双曲拱坝坝高 285.5 m，高于国内已建二滩拱坝(240 m)和国外已建英古里拱坝(272 m)。坝址区地震基本烈度

Ⅷ度，拱坝结构设计和抗震安全问题突出。

(2) 高水头、大泄量、窄河谷泄洪消能。目前世界上高拱坝泄洪功率最大的是二滩水电站，为 39 000 MW，不及溪洛渡水电站的 1/2。

(3) 庞大的地下洞室系统的设计和施工。溪洛渡水电站地下厂房洞室群数量和尺寸均为世界之最。在坝址区左右岸山体中对称布置了两座地下厂房，各安装 9 台 700 MW 水轮发电机组。主厂房的尺寸为 381 m × 31.9 m× 75.1 m，与厂房平行还布置了主变压器室和大跨度的尾水调压室。此外，在两岸山体各有 2～3 条泄洪隧洞，单洞泄洪量约 4 000 m^3/s，与厂房系统形成立体交叉。为了施工导流，在两岸山体低高程各布设 3 条 18 m× 20 m 的导流隧洞，其主厂房尺寸、泄洪洞的泄量、导流洞的规模均为世界级水平。

(4) 远距离大容量输电技术。电站送电至华中和华东地区，输电距离分别约为 1 100 km 和 1 800 km。采用直流输电，电压等级分别为±500 kV 和±600 kV，送电容量为 12 600 MW。这样远距离大容量直流输电尚属国内首次，世界上也不多见。

不仅如此，建设者们还创新研发并运用了“溪洛渡拱坝智能化建设关键技术”，开创我国 300 m 级高拱坝建设数字化先河，实现了大坝施工全过程

溪洛渡水电站泄洪

的数字化监控与记录，在大坝施工质量、进度控制和大坝运行安全监测中发挥了极为重要的作用。如今，6 700 支传感器埋设于整座大坝中，依托“大坝智能化建设管理系统平台”，管理者可以全面感知大坝的“健康状态”，准确把握大坝的“安全脉搏”。张超然院士评价：“溪洛渡大坝建立了一套全过程、全方位、全时程、全生命周期的仿真系统，可以通过仿真计算来掌握大坝的生命；智能大坝建设是未来水电发展的大趋势，引领着世界高拱坝的发展方向。”此项“300 m 级溪洛渡拱坝智能化建设关键技术”荣获 2015 年度国家科技进步二等奖，意义重大。

溪洛渡水电站因规模大、难度高，成为世界上最具代表性的水电工程之一。溪洛渡水电站依靠大坝的“最强大脑”，获菲迪克 2016 年工程项目杰出奖。它不仅代表了全球大坝智能化建设的最高水准，更向世界展示了中国水电建设强劲的创新实力。

葛洲坝水电站全景

葛洲坝水电站

——长江干流第一座大型水电站

葛洲坝水电站位于湖北省宜昌市，在长江三峡出口南津关下游 2.3 km 处，是长江干流上兴建的第一座大型水利枢纽，也是三峡工程的航运梯级，可对三峡水电站下游水位进行反调节，并且可利用河段落差发电。

枢纽建筑物自左岸至右岸依次为：左岸土石坝、3 号船闸、三江冲沙闸、混凝土非溢流坝、2 号船闸、混凝土挡水坝、二江电站、二江泄水闸、大江电站、1 号船闸、大江泄水冲沙闸、右岸混凝土挡水坝和右岸土石坝。

葛洲坝工程于 1970 年 12 月开工，1981 年 1 月实现大江截流，同年 6 月三江船闸通航，7 月二江电站第 1 台机组投产发电，1983 年二江电站全部机组建成发电，1986 年 6 月大江电站第 1 台机组并网发电。

坝址控制流域面积约 100 万 km^2，水库总库容 15.8 亿 m^3。混凝土大坝坝顶高程 70.0 m，最大坝高 48 m，坝顶全长 2 606.5 m。二江泄水闸共 27 孔，最大泄流量 83 900 m^3/s；三江冲沙闸共 6 孔，最大泄流量 10 500 m^3/s；大江泄水冲沙闸共 9 孔，最大泄流量 20 000 m^3/s。水电站为河床式，其中二江电站安装 2 台 170 MW 和 5 台 125 MW 机组，大江电站安装 14 台 125 MW 机组，总装机容量为 2 715 MW，年发电量 157 亿 kW·h。通航建筑物包括 2 条航道和 3 座船闸，其中大江航道设 1 号船闸，三江航道设 2 号和 3 号船闸。1 号和 2 号船闸闸室有效尺寸为长 280 m、宽 34 m，可通过大型客货轮和万 t 级船队。3 号船闸闸室有效尺寸为长 120 m、宽 18 m，可通过3 000 t 级客货轮。

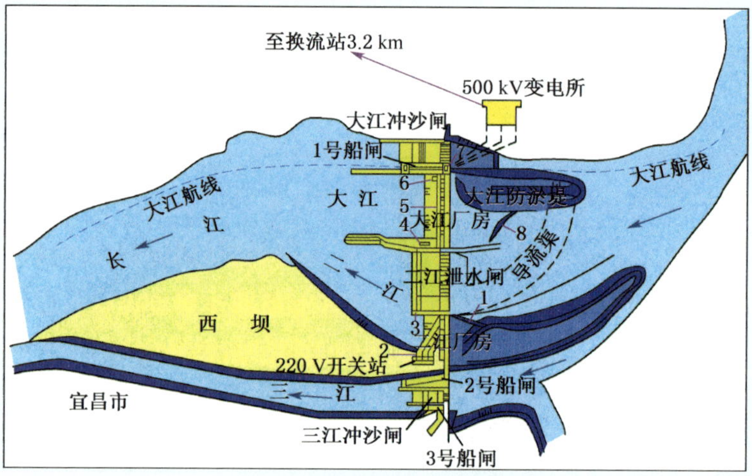

1—导沙坎；2—操作管理楼；3—厂闸导墙(排漂孔)；4—左管理楼；5—中控楼；6—右管理楼；7—右安装场(排漂孔)；8—拦(导)沙坎。

葛洲坝工程枢纽布置图

葛洲坝工程的兴建，解决了一些复杂的技术问题。例如，施工中采用“先在龙口段抛投钢架石笼和混凝土四面体形成拦石坎护底”的方法解决了大流量下的截流问题；采用设防渗板和抽排措施降低扬压力、齿墙切断软弱夹层等措施提高坝体抗滑稳定性；采用“静水通航、动水冲沙”的运行方式成功地解决了河势规划和航道淤积问题；其安装的中国自行设计、制造的单机容量170 MW 的水轮机组，是 20 世纪世界上大型低水头转桨式水轮机之一。

新安江水电站全景

新安江水电站

——中国首座自行勘测、设计、施工的大型水电站

新安江水电站位于浙江省杭州市境内钱塘江支流新安江上，距杭州市区 170 km。电站主要担负华东电网调峰、调频和事故备用任务，并且有防洪、灌溉、航运和养殖等综合效益。

工程由混凝土宽缝重力坝、坝后溢流式厂房和开关站等组成。

新安江水电站是中国第一座自行勘测、设计、施工和制造设备的大型水电站，反映了 20 世纪 50 年代中国水电建设的水平。工程于 1957 年 4 月开工，1960 年 4 月第 1 台机组发电。1973 年，河海大学(原华东水利学院)赵人俊教授等在对新安江水库做入库流量预报工作中，提出了降雨径流流域模型(简称“新安江模型”),在1989年被誉为“新中国成立40年来100项重大科研成果之一”,后通过不断的研究和完善,形成了完整的蓄满产流洪水预报理论,现已成为我国应用最广、效果最好的流域水文模型,不仅很好地服务于科研生产,而且极大地丰富了教学内容。该成果已经被一些欧美国家编入了教科书,并且已被应用于美国国家河流洪水预报系统。

新安江水库也被誉称“千岛湖”,与杭州、黄山等旅游胜景连成一线,成为沪杭地区著名的旅游胜地。坝址控制流域面积10 480 km^2,年径流量113亿m^3。水库总库容220亿m^3,调节库容102.7亿m^3,具有多年调节性能。

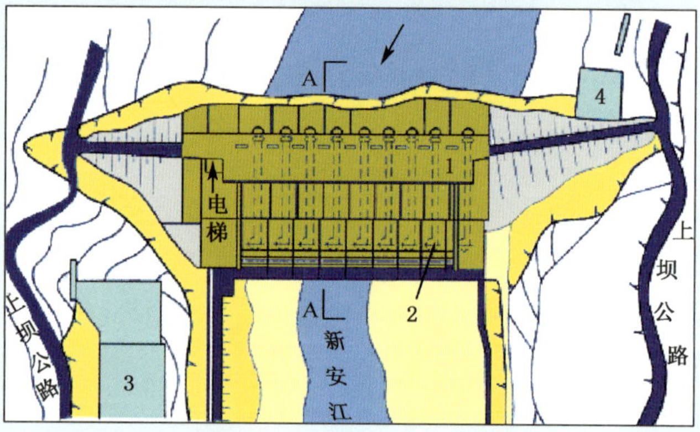

1—大坝;2—厂房;3—高压开关站;4—升船机闸首。

新安江水电站枢纽平面布置

拦河大坝采用混凝土宽缝重力坝,最大坝高105 m,坝线全长465.4 m。大坝按1 000年一遇洪水设计,按10 000年一遇洪水校核。河床坝段布置9个溢流表孔,每孔宽13 m,设计中因地制宜采用厂房顶溢流方式,下泄水流通过厂房顶经末端差动式鼻坎挑向下游。

电站总装机容量662.5 MW,保证出力178 MW,多年平均年发电量18.6亿kW·h。坝后式厂房顶部与大坝溢流面衔接,用钢筋混凝土拉板结构与坝体简支连接,下部则与坝体分离。

经新安江水库调节,下游建德、桐庐和富阳3市(县)2万余hm^{2}农田得以免受洪水灾害。1960—1988年已拦蓄大于10 000 m^3/s的洪水11次,减轻直接经济损失1.1亿元以上。水库上游形成深水航道,船舶可由大坝直达安徽省歙县,水库下游在枯水期增加了流量,航道得以改善。水库水面宽广,水产丰盛,20世纪90年代中期,鱼产量达3 500万~4 000万t/a,比建库前增加35倍以上。

盐锅峡水电站全景

盐锅峡水电站

——黄河干流第一座水电站

盐锅峡水电站位于甘肃省永靖县黄河干流盐锅峡出口处，距兰州市70 km，是黄河龙羊峡—青铜峡河段规划中的第八梯级水电站，是黄河干流上第一个以发电为主、兼顾灌溉的大型水力发电站。

枢纽工程右岸由溢流坝、左岸宽缝重力坝、坝后式厂房及灌溉引水管道等组成。

盐锅峡水电站站区两岸陡峻，河道狭窄，水势湍急。坝址以上控制流域面积18.28万 km^2，多年平均流量899 m^3/s，年径流量285亿 m^3，年输沙量9 170万 t，水库总库容2.2亿 m^3，其中调节库容0.07亿 m^3，属日调节水库。

盐锅峡水电站于1958年9月27日正式动工兴建，1961年11月18日第一台机组投产发电，1975 年 11 月 8 台机组全部安装完毕。后于 1988 年 3 月至 1990 年 6 月、1997 年 2 月至 1998 年 12 月间又分别扩建安装了 9 号、10 号机组，现电站总装机容量为 464 MW，保证出力 205 MW，年发电量 22.8 亿 kW·h，为西北地区的经济发展和社会进步作出了巨大贡献。

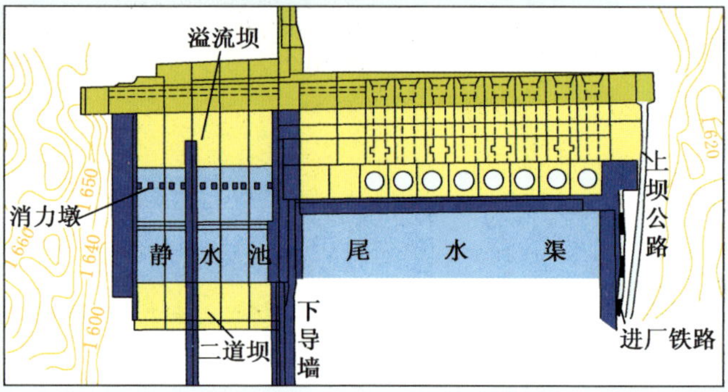

盐锅峡水电站平面布置图

为节省坝体混凝土，电站大坝采用混凝土宽缝重力坝坝型。坝轴线全长 321 m，最大坝高 57.2 m，顶宽 15.9 m。大坝按 200 年一遇洪水设计，1 000 年一遇洪水校核。溢流段位于大坝右侧，设有 4 个 12 m×10 m 溢流孔，采用消力池水跃消能。厂房位于大坝左侧坝后，全长 192.5 m，宽 18.4 m，高 40.3 m，装有 3 台 44 MW 和 6 台 45 MW 水轮发电机组，设计水头 38 m，采用钢筋混凝土蜗壳，保证出力 139 MW。灌溉引水管设在大坝两端。

盐锅峡水电站素以“工期短、造价低、效益高”而闻名于全国，享有“黄河上的第一颗明珠”之美誉，也是新中国“根治黄河水害，开发黄河水利”的第一座丰碑。电站的建成投产，实现了中国人民“征服黄河、造福人类”的伟大夙愿。但是，在电站投入运行不到两年的时间内，由于黄河来水含沙量大，加之电站缺乏有效的排沙设施，造成水库容量急剧减少、机组出力无法达到要求。面对这种情况，盐电人没有被困境所吓倒，他们全员皆兵，以高昂的斗志投入清沙排沙的激烈劳动中，“多捞一根草，多发一度电”成为当时最响亮的口号。在与黄河泥沙进行艰苦斗争的过程中，广大工程技术人员逐渐摸索、总结出多泥沙河流上大型水电站安全运行的有效方式，电站的各项经济技术指标也都排在国内同类电站前列，使盐锅峡电站在泥沙含量居世界首位的黄河上筑牢了根基，为日后黄河电站的开发建设树立了典范。

刘家峡水电站全景

刘家峡水电站
——中国自行设计第一座装机容量 1 000 MW 以上的大型水电站

刘家峡水电站位于甘肃省永靖县境内，在兰州市上游 100 km 的黄河刘家峡峡谷中，是中国自行设计和建设的第一座装机容量 1 000 MW 以上的大型水电站。工程以发电为主，兼有防洪、灌溉、防凌、供水和养殖等综合效益。

枢纽由挡水建筑物、泄洪排沙建筑物及引水发电建筑物三部分组成。

坝址控制流域面积 18.177 万 km^2，年径流量 273 亿 m^3，年输沙量 8 940 万 t。水库正常蓄水位 1 735 m，相应库容 57 亿 m^3，具有不完全年调节性能。

工程于 1958 年 9 月开工，1969 年 3 月第 1 台机组发电，1974 年竣工。刘家峡水电站的建设为中国高坝和大型水电站的设计、施工积累了丰富经验。在 20 世纪 60 年代，刘家峡水电站有多项指标当时属国内首创，如国内最高的混凝土重力坝、泄洪建筑物流速高达 45～35 m/s、大型地下结构、高压闸门和相应启闭机、大容量机组、330 kV 输变电设备等。1978 年获全国科学大会科技成果奖，1981 年被评为国家优秀设计项目，此后又被评为国家优质工程。主坝为混凝土重力坝，最大坝高 147 m，坝长 204 m；左副坝为混凝土重力坝，右副坝为黄土心墙堆石坝。大坝按 1 000 年一遇洪水设计，10 000年一遇洪水校核。泄洪排沙建筑物包括：右岸岸边 3 孔开敞式溢洪道、右岸泄洪隧洞（由导流洞改建而成）、左岸坝身 2 孔泄水中孔、右岸排沙隧洞。水电站装有 3 台 225 MW 混流式水轮机组（20 世纪 90 年代已有 2 台改造为250 MW）和 1 台250 MW、1 台 300 MW 双水内冷机组。

刘家峡水电站除自身具有巨大的防洪、发电、灌溉等综合效益外，还可与龙羊峡水库联合调度，下游各梯级又可增加以下效益。①增加盐锅峡、八盘峡、青铜峡保证出力250 MW。在龙羊峡初期运行时，刘家峡水电站保证出力由 400 MW 增加至 550 MW，年发电量由 57 亿 kW · h 增加至 59.4 亿 kW · h。②提高下游各梯级电站的防洪能力。刘家峡水库由 5 000 年一遇洪水标准提高到可能发生的最大洪水（洪峰流量为 11 800 m^3/s）；盐锅峡水库由 1 000 年一遇洪水标准提高至 10 000 年一遇；八盘峡水库由 300 年一遇洪水标准提高至 1 000 年一遇。

龙羊峡、刘家峡两水库联合调度后，刘家峡水库为黄河上游的反调节水库，担负下游灌溉、防洪和防凌等调节任务，可显著减轻下游宁夏、内蒙古地区的洪涝灾害和凌汛灾害，满足下游工农业供水的需要。

溢洪道泄洪

龙羊峡水电站全景

龙羊峡水电站

——中国 20 世纪所建库容最大的水电站

龙羊峡水电站位于青海省共和县与贵德县交界处的黄河干流上，距西宁市 147 km，是黄河上游龙羊峡至青铜峡梯级水电站中的最上一级，有"龙头电站"之称。工程以发电为主，兼有灌溉、供水、防洪和防凌等综合效益。

工程于 1978 年 7 月开工，1979 年 12 月截流，1986 年 10 月开始蓄水，1987 年 9 月底第 1 台机组发电，1992 年全部机组投入运行。

坝址控制流域面积 13.14 万 km^2，年径流量 205 亿 m^3，多年平均输沙量 2 490 t。水库正常蓄水位2 600 m，库容 247 亿 m^3，是中国 20 世纪所建库容最大的水库，具有多年调节性能。

工程由混凝土重力拱坝、左右岸重力墩、左右岸混凝土重力式副坝、右

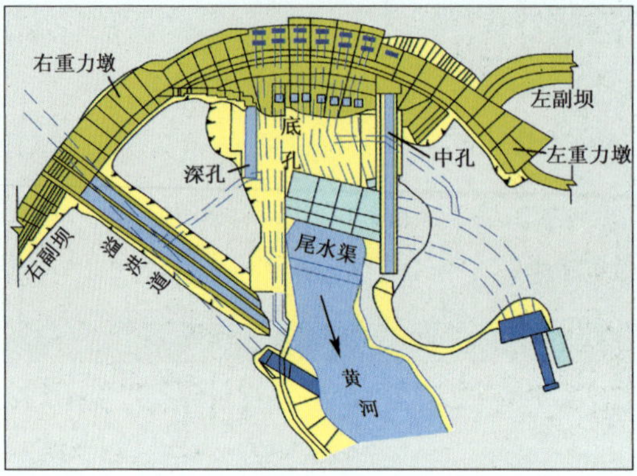

龙羊峡水电站平面布置图

岸溢洪道、坝后厂房等组成。

主坝为混凝土重力拱坝，坝顶高程 2 610 m，最大坝高 178 m。泄水建筑物有右岸两孔溢洪道，每孔宽 12 m，最大泄流量 4 493 m^3/s；坝身中孔、深孔、底孔最大泄流量分别为 2 203 m^3/s、1 340 m^3/s 和 1 498 m^3/s。坝后厂房装有 4 台 320 MW 混流式水轮发电机组，额定水头 120 m，保证出力589 MW，多年平均年发电量 59.42 亿 kW·h。

电站投产后，综合效益十分明显，可增加下游梯级水电站的保证出力和电量，仅刘家峡、盐锅峡、八盘峡和青铜峡 4 座水电站就可增加保证出力 254.8 万 kW、年发电量 5.13 亿 kW·h；可提高整个河段的电能质量，使平水年、枯水年和一般年份的洪水期、枯水期的发电量基本一致；可增加青、甘、宁、内蒙古等省(自治区)的灌溉面积 31.53 万 hm^2 和提高下游灌区的灌溉保证率；可增加下游沿河城镇工业用水量，提高下游重要工业城市、梯级水电站及铁路干线的防洪标准。

龙羊峡水电站代表着 20 世纪 80 年代国内水电工程建设的水平，当时不仅以大坝最高(178 m)、水库库容最大(247 亿 m^3)、发电机组单机容量最大(320 MW)享誉海内外，而且以显著的社会效益、经济效益及治理黄河的“龙头”地位和开发黄河上游水电资源母体电站的独特优势令世人瞩目。

响洪甸水电站全景

响洪甸水电站

——中国首座自行设计的混凝土重力拱坝

响洪甸水电站位于淮河支流西淠河上游，在六安市裕安区、霍山和金寨三县区交界处，距六安市 44 km、合肥市 120 km，是一座以防洪、灌溉为主，结合发电、航运、水产养殖和旅游等综合利用的大型水电工程。

大坝始建于 1956 年 4 月，1958 年 7 月竣工，1961 年全部竣工并发电。坝体混凝土工程量约 28 万 m^3。坝址控制流域面积 1 400 km^2，多年平均径流量 10.2 亿 m^3，水库总库容 26.32 亿 m^3，居皖西五大水库之首。设计灌溉面积 33.3 万 hm^2。

枢纽组成建筑物有混凝土重力拱坝、泄洪隧洞、发电引水隧洞、电站厂房和缆道吊运竹木过坝设施等。

响洪甸大坝为定圆心、单曲率混凝土重力拱坝，是中华人民共和国成立后自行设计、施工的第一座重力拱坝，坝高 87.5 m，坝顶弧长 361 m，坝顶厚 6 m，坝底厚 39 m。坝体应力采用试载法计算，用 1∶100 的模型试验验证，最大压应力为 2.94 MPa，最大拉应力为 0.735 MPa。1983 年采用三维有限元法进行抗震分析，最大拉应力为 1.57 MPa。

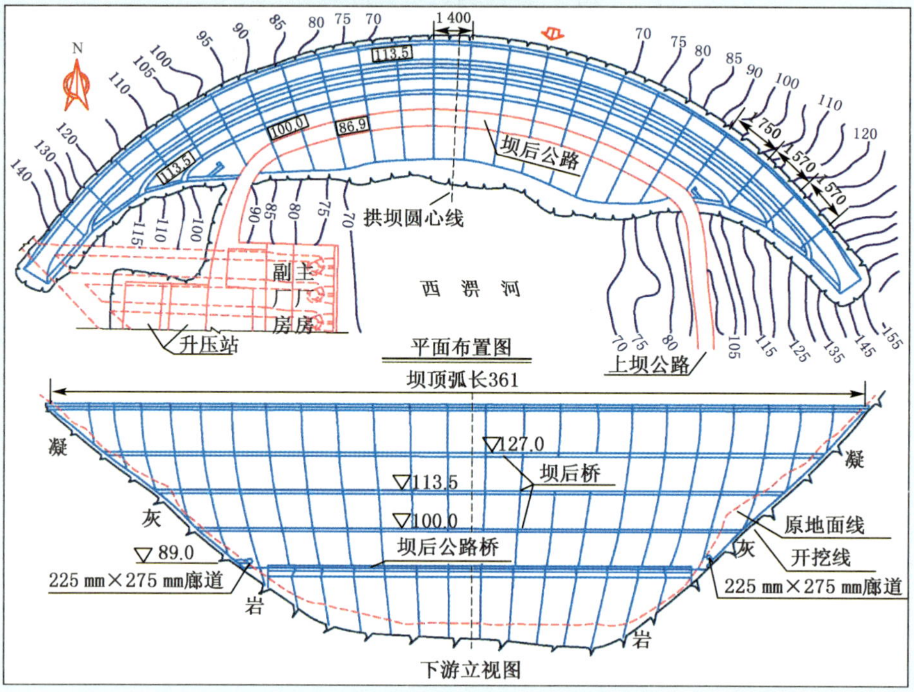

响洪甸枢纽平面布置及下游立视图

泄洪隧洞 1 条，位于右岸，布置在引水发电洞下游侧。电站位于右岸，由 1 条主洞接 4 条支洞引水发电。厂房采用地面式布置，安装 4 台 10 MW 机组。第 1 台机组于 1959 年 9 月 15 日开始发电，1961 年 4 月 6 日 4 台机组全部投入运行。

为提高响洪甸水电站的综合发电及蓄洪抗旱能力，1994 年 12 月 16 日，由安徽省电力公司和安徽省能源投资公司共同投资的安徽省首家抽水蓄能电站——响洪甸混合式抽水蓄能电站开工建设，2000 年 6 月竣工。装机容量为 2×40 MW，与响洪甸水电站组成总装机量为 120 MW 的混合式抽水蓄能电站，为安徽电网提供调峰填谷容量 228 MW。

隔河岩水电站全景

隔河岩水电站

——中国首座上重下拱复合型大坝

隔河岩水电站位于湖北省长阳县境内长江支流清江干流上，上距恩施市 207 km，下距高坝洲水电站50 km。工程开发任务以发电为主，兼有防洪、航运等综合效益。

工程于 1987 年初开工兴建，1993 年 6 月第 1 台机组发电，1994 年 11 月 4 台机组全部并网发电，1994 年底基本建成，1997 年枢纽工程通过竣工验收，运行情况良好。

坝址控制流域面积 14 430 km^2，占全流域面积的 85%，多年平均流量 403 m^3/s，年径流量 126 亿 m^3，多年平均输沙量 971 万 t。枢纽主要水工建筑物设计洪水标准为 1 000 年一遇，洪峰流量 22 800 m^3/s，相应库水位

203.14 m；校核洪水标准为 10 000 年一遇，洪峰流量27 800 m^3/s，相应库水位 204.59 m。水库正常蓄水位 200 m，相应库容 31.2 亿 m^3，死水位 160 m，兴利库容 19.75 亿 m^3。水库总库容 34.4 亿 m^3，预留防洪库容 5 亿 m^3，既可削减清江下游洪峰，也可错开与长江洪峰的遭遇，减少荆江分洪工程的使用机会，推迟分洪时间。

坝址处两岸山顶高程 500 m 左右，枯水期河面宽 110～120 m，河谷下部 50～60 m 岸坡陡立，河谷上部右陡左缓，为不对称峡谷。大坝基础地层为寒武系石龙洞灰岩，岩性致密坚硬，基岩内断层、层间剪切带及岩溶系统等较发育。坝区地震基本烈度为Ⅵ度，设计烈度为Ⅶ度。

水电站装机容量 1 200 MW，保证出力 187 MW，多年平均年发电量 30.4 亿 kW·h，并且承担华中电网的调频、调峰任务。

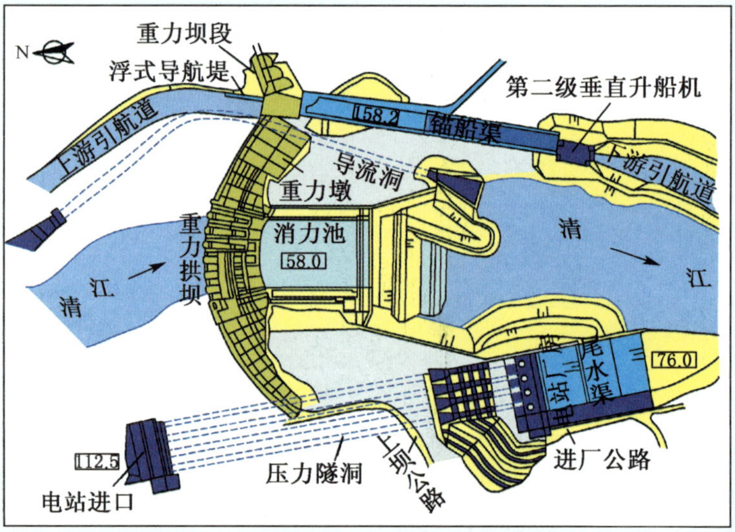

隔河岩水利枢纽平面布置图

枢纽工程由混凝土重力拱坝、泄水建筑物、右岸引水式水电站和左岸垂直升船机组成。坝顶高程 206 m，坝顶全长 665.45 m，最大坝高 151 m。两岸布置重力坝段，左岸坝肩高程 120～138 m 的建基面上设置重力墩；河床为三心单曲、上重下拱复合重力拱坝，外圆弧半径 312 m，下游坝坡 1∶0.5～1∶0.7。河床中部拱顶高程 181 m，向两岸逐渐下降，左岸至重力墩顶

150 m，右岸至岸边 160 m，拱顶以下横缝灌浆，形成不同灌浆高程的拱坝，拱顶以上横缝不灌浆，呈重力坝工作状态，下游坝坡 1∶0.7，两者之间设过渡段衔接。对于影响两岸拱座稳定的软弱结构面，采用阻滑键、传力柱及加强山体排水等措施处理。

隔河岩水电站鸟瞰图

泄水建筑物集中布置在大坝的河床中部，溢流前缘长度 188 m。设 7 个表孔、4 个深孔和 2 个兼用于导流的放空底孔。表孔堰顶高程 181.8 m，孔口尺寸为 12 m×18.2 m。深孔孔底高程 134 m，孔口尺寸为 4.5 m×6.5 m。底孔孔底高程 95 m，孔口尺寸为 4.5 m×6.5 m。各式孔口均采用弧形闸门控制操作，并且在其上游设平板检修闸门。表孔体型采用不对称宽尾墩，深孔体型采用窄缝挑流鼻坎。表孔在设计和校核条件下的泄洪能力分别为 17 050 m^3/s 和 19 000 m^3/s。枢纽最大泄流能力为 24 000 m^3/s。防渗帷幕线路长 1.5 km，总进尺 25.17 万 m。

水电站位于右岸，为引水式地面厂房，4 条直径为 9.5 m 的隧洞连接直径8 m 的压力钢管，单洞单机分别接至 4 台 300 MW 的混流式水轮机组。隧洞采用预应力混凝土衬砌。厂房和压力钢管开挖形成 170 m 的高边坡，采用混凝土局部置换、设置预应力锚束及加强山体排水等措施处理。

通航建筑物位于左岸，是中国第一座 300 t 级高升程过坝的垂直升船机。设计最大年货运量为 340 万 t，总升程 124 m。工程分为两级：第一级为大坝挡水前缘的一部分，升程 42 m；第二级位于左岸下游河滩，升程 82 m，与中间错船渠和下游河道相衔接。升船机采用全平衡钢丝绳卷扬系统，承船厢有效水域尺寸 42 m×10.2 m×1.7 m，带水总重 1 400 t。

隔河岩水电站的建成为开发清江水电能源，减轻长江防洪负担，改善鄂西南山区水运交通作出了重要贡献，并对湖北省及鄂西南少数民族地区的发展具有重要意义。

佛子岭水电站全景

佛子岭水电站

——淮河流域第一座水电站

佛子岭水电站位于皖西大别山区霍山县境内淮河支流淠河上游，距霍山县城 17 km。大坝坐落在佛子岭镇南 2.5 km 处，故得名。它是最早建成的根治淮河水患的大型水利工程之一，被称为淮河流域第一座水电站。佛子岭水电站始建于 1952 年 1 月，竣工于 1954 年 11 月。水电站以防洪为主，兼顾灌溉、发电、航运和渔业等综合效益。

佛子岭水电站是中华人民共和国成立之初治理淮河的第一个骨干工程，中国自行设计了具有当时国际先进水平的大型连拱坝，被誉为“新中国第一坝”“亚洲第一坝”“远东第一高坝”，在百废待兴的中华人民共和国水利水电建设史上具有里程碑式的意义。

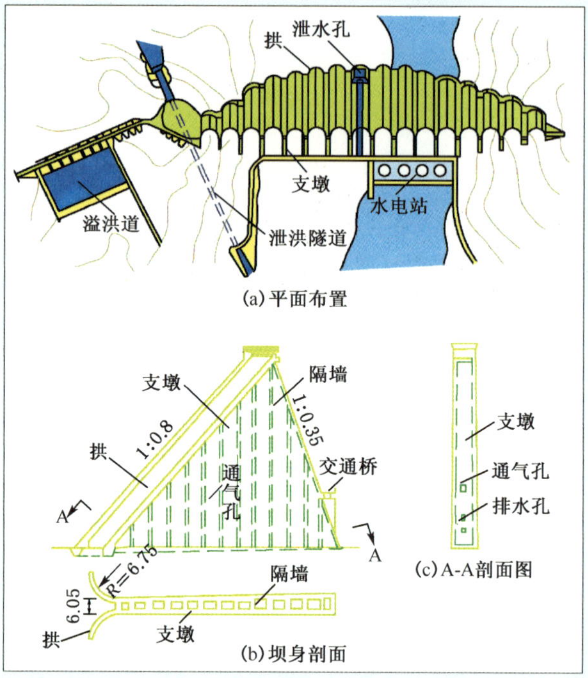

佛子岭水电站平面、剖面图

坝址控制流域面积 1 270 km^2，多年平均流量 49.5 m^3/s。枢纽按100年一遇洪水设计，1 000年一遇洪水校核。设计洪水位129.44 m，校核洪水位130.84 m，总库容4.96亿 m^3，汛限水位117.56 m，兴利水位124.96 m，相应库容3.84亿 m^3。枢纽工程包括大坝、溢洪道、输水钢管及发电站4部分。

大坝为钢筋混凝土连拱坝，高74.4 m（加高后为75.9 m），坝顶宽1.8 m，长510 m，分为东坝、连拱坝、西坝3段。东坝是重力坝，长52 m；西坝下部是重力坝，上部是平板坝，长45 m；中部连拱坝段长413.5 m，由20个垛、21拱组成。坝顶高程128.46 m，1983年加高至129.96 m（不包括防浪墙1.1 m）。露顶式溢洪道设在右岸坝肩处，堰顶高程112.56 m，顶宽63.6 m，6孔，单孔宽10.6 m，每孔安装双扉滚轮平板钢闸门，最大泄洪量7 500 m^3/s，100年一遇溢洪流量5 000 m^3/s。坝内安装9条输水钢管，分设于13、14、15号垛内的3条用于泄洪、灌溉，设计最大泄流量225 m^3/s。其余6道是发电引水管道。灌溉耕地面积20万 hm^2（含磨子潭水库）。佛子岭水库会同响洪甸、梅山等水库可灌农田近67万 hm^2。电站7台装机，分别安装在新、老厂房内，总装机容量 31 MW，多年平均年发电量 1.24 亿 kW·h。

河谷底宽约 200 m，基岩大部为石英岩和花岗岩，岩性坚硬，无大断层，但裂隙较发育。施工期间及建成后，曾经受地震及洪水漫顶的考验。

佛子岭水库作为淮河治理工程的重要组成部分，拦蓄了淠河大量的洪水，不仅大大提高了淠河中下游的防洪标准，而且还起到了辅助淮河干流蓄洪的作用。佛子岭大坝是我国第一个自行设计、施工的钢筋混凝土连拱坝，整个设计过程在边勘探、边施工的情况下进行，既无经验又无规范可循。汪胡桢等水利专家带领一批中青年技术骨干边学边做，在设计中克服了横向地震时应力分析、坝垛稳定和坝基灌浆等重大技术难题。佛子岭大坝的建成令国内外水利工程界叹为观止，为新生的共和国赢得了巨大的声誉，也为我国大规模治水事业翻开崭新的一页。国际大坝委员会主席托兰先生称佛子岭大坝为“国际一流的防震连拱坝”，列宁格勒水电设计院院长称赞：“连拱坝好，中国工程师了不起！”

佛子岭水库深深刻印着第一代党和国家领导人的身影和足迹：毛泽东主席视察安徽时，专门去省博物馆观看佛子岭水库模型；朱德委员长、刘伯

佛子岭水库连拱坝

承元帅等亲临水库视察,对佛子岭水库的建设和发展给予了极大的关怀。这里创造了许多的第一:新中国第一坝,新中国第一座钢筋混凝土支墩坝,安徽省第一座百米高坝,淮河流域第一座水电站,新中国第一台水轮发电机组,安徽省第一条 110 kV 输电线路。这里有厚重的历史积淀和文化底蕴:郭沫若、刘海粟、关山月、吴作人、陈登科等文艺界人士为佛子岭留下了众多作品,还有为我国培养大批水利水电人才的“佛子岭大学”,以及老一辈治淮人的精神。在历史的长卷中,佛子岭水库书写了不仅属于自己,也属于中华人民共和国的荣耀和辉煌。水库建成 60 多年来,共拦截大小洪水 200 余次,创造了巨大的社会效益和经济效益,为流域经济社会发展和民生改善发挥了重要作用。

普定水电站全景

普定水电站
——中国首座碾压混凝土拱坝

普定水电站位于乌江南源三岔河中游贵州省普定县境内，距贵阳市125 km。工程以发电为主，兼有供水、灌溉、养殖和旅游等综合效益。工程于1989年12月15日截流，1991年12月开始浇筑混凝土，1993年5月30日大坝建成蓄水，1994年6月并网发电。

坝址控制流域面积5 871 km^2，年径流量38.8亿 m^3。河谷呈不对称U形，大坝建基面为灰岩。工程区地震基本烈度小于Ⅵ度，设计按Ⅵ度设防。水库正常蓄水位1 145 m，总库容4.21亿 m^3。枢纽主要水工建筑物设计洪水标准为100年一遇，校核洪水标准为500年一遇。

工程由碾压混凝土拱坝、坝顶开敞式溢洪道、冲沙孔、河岸式电站厂房组成。大坝为定圆心、变半径、变中心角、等厚双曲非对称拱坝，坝顶高程1 150 m，坝高75 m，坝顶总长195.67 m。坝体混凝土总量13.7万m^3，其中碾压混凝土10.3万m^3，占坝体混凝土总量的75.2%。水电站安装3台水轮发电机组，总装机容量为75 MW，年发电量3.4亿kW·h。

普定拱坝是中国第一座应用全断面碾压技术施工的碾压混凝土拱坝，工程的主要特点如下。

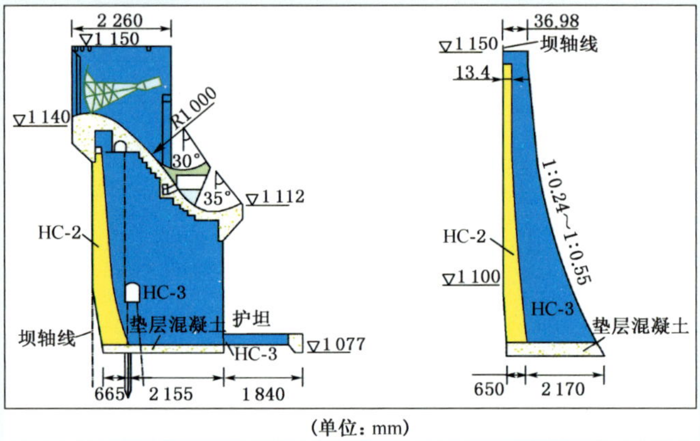

HC-3—三级配碾压混凝土；HC-2—二级配碾压混凝土。

普定碾压混凝土拱坝溢流坝段剖面图和拱冠梁剖面图

（1）坝体不设施工缝，采用整体、薄层、通仓、全断面碾压填筑，革新了常态混凝土拱坝分缝、分块、柱状浇筑的传统施工工艺。

（2）在坝体适当部位设置了诱导缝，并且在缝中设置了重复灌浆系统，在温度应力超过坝体混凝土抗拉强度的情况下，先从诱导缝部位拉开，以便灌浆处理。

（3）坝体采用碾压混凝土自身防渗。为了提高坝体碾压混凝土的整体防渗性能，防止沿碾压层面水平渗漏，在每一碾压层面采取了专门处理措施，增加了层面结合强度，使坝体碾压混凝土抗渗性能达到了W10以上。

（4）通过高掺粉煤灰和降低水泥用量，有效地控制了坝体混凝土温度应力，提高了坝体的抗裂性能。

普定拱坝是我国百米级碾压混凝土拱坝的唯一试验坝，总体质量远高于同期建设的碾压混凝土拱坝，在许多力学指标及物理性能上不亚于甚至优于同期建设的常态混凝土坝。

湖南镇水电站全景

湖南镇水电站

——中国最高的支墩坝

湖南镇水电站位于浙江省衢州市境内钱塘江支流乌溪江上，下距黄坛口水电站约 25 km，是乌溪江水能资源开发的梯级电站之一，具有发电、防洪、灌溉、航运和供水等综合效益。

湖南镇水电站于 1958 年开工，1961 年停建，1970 年复工，1979 年第 1 台机组发电，1980 年电站建成。扩建工程于 1994 年 10 月开工，1996 年 11 月 1 日机组投入试运行，后投入正常运行。

坝址控制流域面积 2 197 km^2，多年平均流量 83.4 m^3/s。水库正常蓄水位为 230 m，相应库容为 15.82 亿 m^3，总库容 20.3 亿 m^3，具有不完全多年调节的能力。通过水库调节，与黄坛口水电站联合运行，可增加下游黄坛口水电站的枯水期出力。

枢纽建筑物包括拦河大坝、引水隧洞、引水式地面厂房、坝后厂房和开关站等。拦河坝为混凝土梯形支墩坝，最大坝高 129 m，坝顶全长 440 m，上游坝坡 1∶0.2，下游坝坡 1∶0.68，坝顶宽 7 m，坝体头部厚度自下而上逐渐减薄，两支墩间设宽 5 m 的加劲墙。泄洪建筑物布置在河床中部，包括 5 个坝顶溢流表孔和设在溢流坝段支墩内的 4 个泄水底孔，最大泄流量 11 000 m^3/s。电站总装机容量 270 MW，其中 1980 年建成的右岸老电厂装机容量 170 MW，1996 年利用左岸坝段内预留的 1 条直径 5.4 m 的钢管，扩建了 1 台 100 MW 的机组。电站保证出力 52.1 MW，年发电量 5.4 亿 kW·h。

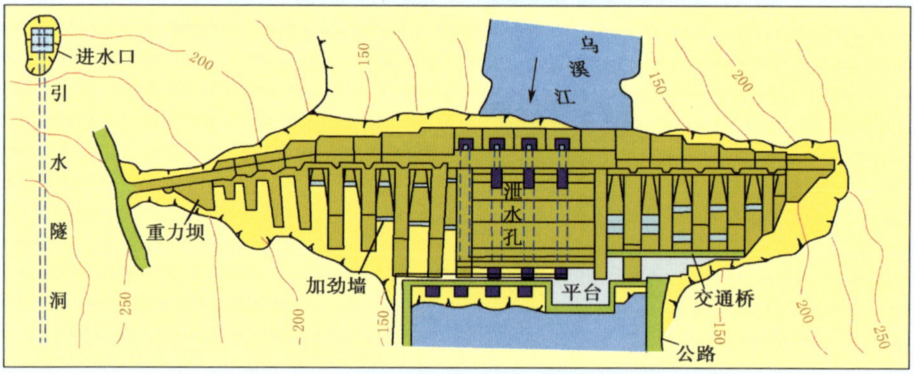

湖南镇水电站平面图

湖南镇水电站的建设，在中国首创采用混凝土梯形坝；首次采用月牙形内加强肋钢岔管；在闸门设计中，首先采用 SF 复合材料，成功研制了进水口闸门上的 SF-3A 型支承滑道，溢洪道弧形闸门上的 SF-2C 型支铰轴套；厂房设计中采用了圈梁立柱式机墩等新技术、新结构。1999 年，湖南镇水电站在扩建工程中，紧凑、合理布置建筑物，采用全封闭厂房结构，成功地解决了大坝泄洪雾化对电厂运行影响的问题；采用水库低温水喷淋后送风通风设计；成功地实现了“无人值班、少人值守”和远方计算机监控操作的目标，机组运行实现了 AGC(自动发电控制运行)等先进技术操控。

梅山水电站全景

梅山水电站

——中国最高的混凝土连拱坝

梅山水电站位于鄂、豫、皖三省交界处的大别山腹地淮河支流史河上游，在安徽省金寨县境内，北距史河入淮口 130 km，是一座以防洪、灌溉为主，兼有发电等综合效益的大型水利水电工程，也是我国第一个五年计划期间自行设计和施工的重点工程。

工程于 1954 年 3 月动工兴建，1956 年 1 月大坝主体工程基本竣工，1958 年水库开始蓄水。

梅山水库为多年调节水库，防洪库容 10.65 亿 m^3，设计灌溉面积 25.53 万 hm^2。大坝为钢筋混凝土连拱结构，最大坝高 88.24 m，是国内最高的混凝土连拱坝，由 15 个垛和 16 个拱组成。连拱坝左右两端各接一段重力坝和空腹重力坝，坝轴线总长 443.5 m。电站装机容量 4×10 MW。

枢纽建筑物包括钢筋混凝土连拱坝、右岸开敞式溢洪道、右岸泄洪隧洞、9 号拱泄水底孔和坝后式电站厂房。

在水库蓄水初期，1962 年 9 月 28 日蓄水至竣工后最高水位 125.56 m，高水位持续至 11 月 6 日凌晨时，右岸坝肩基岩裂隙突然大量漏水，实测漏水总量达 70 L/s，14 号垛基一个未封堵的固结灌浆孔向外喷水，测得压力水头达 31 m，相当于库水位对该处水头的 82%。右岸坝顶及拱、垛多处也出现裂缝，其中 15 号拱冠内侧产生裂缝由拱顶延伸而下长达 28 m，最大缝宽 6.6 mm。经放空水库检查，发现右岸 13 号垛至 16 号拱台前缘基岩接触面附近长达 100 余 m、宽约 30～80 m 范围的基岩局部滑动和张裂，之后采取坝基固结与帷幕灌浆，增设右岸坝垛重力墩、支撑墙、基岩预应力锚固和坝后排水设施等一系列工程措施修复加固，经 1969 年和 1991 年两次大洪水及 40 年运行考验，大坝运行正常。1991—1992 年梅山连拱坝进行首次安全定期检查，确认符合现行规范，被评定为正常坝。

梅山水电站建成 60 年来，已发挥了巨大的工程综合效益。在防洪方面，担负着为淮河干流错峰调蓄的重要任务，特别是战胜了 1969 年、1991 年和 2003 年的洪水，保证了下游城镇人民的生命财产安全，为确保淮河安全度汛、减少淮河中游启用行蓄洪区作出了突出的贡献；在灌溉方面，作为淠史杭灌区主要水源，灌溉下游安徽、河南两省 5 县区 25.5 万 hm^2 农田，使其旱涝保收；在发电方面，是皖西电网的重要电源点，对安徽电网的发展和确保电网安全起着不可替代的作用。各种效益特别是防洪、灌溉和发电三大效益的正常发挥，对安徽省西部地区乃至全省的经济发展和社会稳定起到了十分重要的作用。

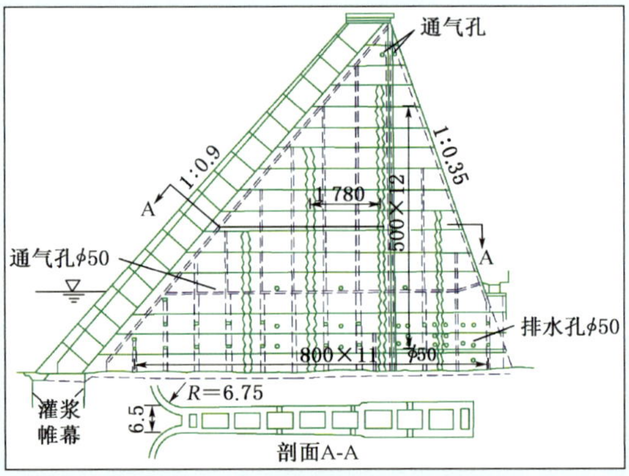

梅山水库连拱坝标准剖面图（坝高 88.24 m）

鲁布革水电站全景

鲁布革水电站

——中国第一个面向国际公开招标的工程

鲁布革水电站位于云南省罗平县与贵州省兴义市交界处珠江水系南盘江的支流黄泥河上，为混合式开发的水电站，是珠江上游南盘江左岸支流黄泥河上的最后一座梯级电站。电站以发电为单一开发任务。该电站是我国“六五”和“七五”期间的重点工程项目，是我国在20世纪80年代初首次利用世界银行贷款并实行国际招投标，引进国外先进设备和技术建设的电站，被誉为中国水电基础建设对外开放的“窗口”电站。

工程于1982年11月开工，1985年截流，1988年12月第1台机组发电，1992年12月通过竣工验收。

坝址控制流域面积7 300 km^2，年径流量51.7亿m^3。库区和坝区均是峡谷河段，坡陡流急，基岩出露有二叠系、三叠系、石炭系灰岩和砂页岩。坝区地震基本烈度为Ⅵ度，大坝按Ⅶ度设防。水库正常蓄水位 1 130 m，相应库容 1.11 亿 m^3，死水位 1 105 m，调节库容 0.75 亿 m^3，具有季调节性能。电站采用混合式开发，在首部筑坝壅高水位形成85 m水头；开挖长隧洞引水，得集中落差 287 m，合计总水头 372 m。装机容量 600 MW，保证出力 85 MW，多年平均年发电量 28.45 亿 kW·h。

工程由首部枢纽、引水系统和厂区 3 部分组成。首部枢纽包括拦河坝、泄水建筑物及排沙隧洞。拦河坝为心墙堆石坝，最大坝高 103.8 m，坝顶高程 1 138 m。心墙料取自附近的全风化砂页岩和残积土的混合料，顶宽5 m，底宽 38.25 m，心墙上下游坡比均为 1∶0.175，上下游侧分别设置一层4 m和两层各 5 m 厚的反滤层。坝上下游坡比均为 1∶1.8，总填筑方量 222 万 m^3。泄水建筑物为左岸两孔开敞式溢洪道，最大泄流量 6 424 m^3/s；左岸泄洪隧洞最大泄量1 995 m^3/s；右岸泄洪隧洞最大泄流量 1 658 m^3/s。排沙隧洞 1 条，设计泄流量 300 m^3/s。

引水系统位于左岸，包括进水口、压力引水隧洞、调压井及压力管道。河岸式进水口位于坝上游 500 m 处，底板高程 1 091 m。引水隧洞直径 8 m，长 9 387 m，最大引水流量 230 m^3/s。调压井为带上室的差动式，其后为两条埋藏式斜井和高压主管道，下接 4 条支管。厂区位于峡谷出口处，厂房为地下式，安装 4 台单机容量 150 MW 的混流式水轮发电机组，最大水头 372.5 m，额定水头 312 m。主变室及开关站均在地下。

施工中采用了振动凸块碾碾压风化料心墙、垂直台阶形陡边坡开挖和锚喷处理溢洪道高边坡，引水隧洞采用钻爆法、光面爆破开挖，混凝土衬砌采用针梁式钢模全断面浇筑以及岩壁式吊车梁等一系列新技术、新工艺。建设时期，鲁布革工程创造了 14 项全国纪录，荣获了“国家优秀勘察(金质)奖”“国家优秀设计(金质)奖”和“建筑工程鲁班奖”，被评为中华人民共和国成立六十周年百项经典暨精品工程之一。

鲁布革水电站的建设可谓曲折。早在 20 世纪 50 年代，国家有关部门就开始安排对黄泥河的踏勘，昆明水电勘测设计院承担项目的设计，原水电部在 1977 年着手进行鲁布革电站的建设，水电十四局开始修路，进行施工准

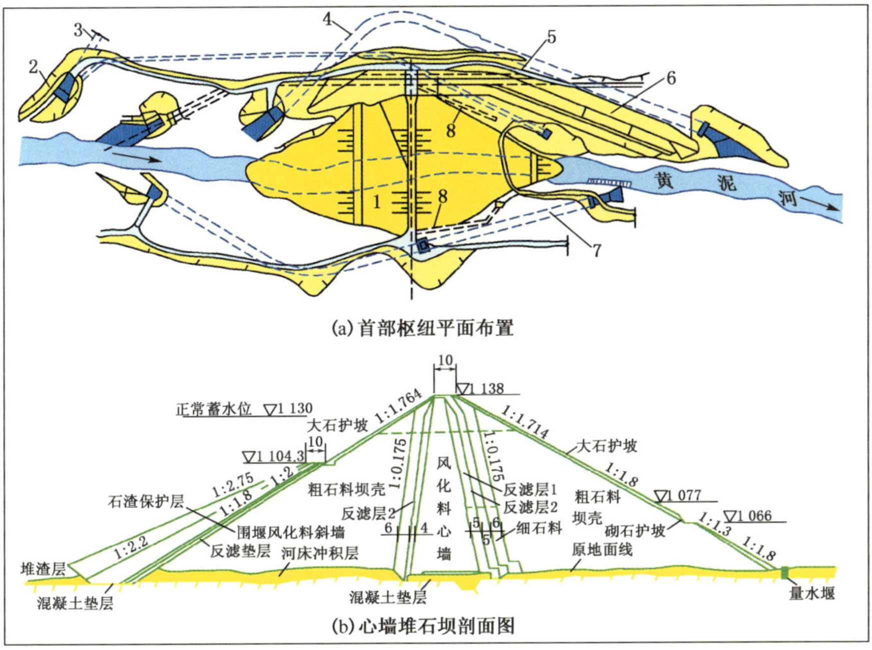

（单位：m）

1—堆石坝；2—进水口；3—压力引水隧洞；4—左岸泄洪洞；
5—导流洞；6—溢洪道；7—右岸泄洪洞；8—交通洞。

鲁布革水电站首部枢纽平面布置及堆石坝剖面图

备。但在项目建设初期，工程面临着严峻的挑战，具体表现在：一是资金严重缺乏，工程一直未能开工，准备工程进展缓慢；二是缺乏竞争力，自 1949 年以来，我国大型水电工程建设一直采用自营制方式，没有现代意义上的项目管理概念；三是管理水平低下，当时的水电建设同其他行业一样，照搬 20 世纪 50 年代苏联的工业企业管理模式，导致了管理水平低下，经营机制不够灵活、管理模式落后，技术应用层次不高，技术含量较低；四是技术落后，由于管理模式单一，致使技术落后，施工效率低下；五是人员队伍素质不高，企业包袱沉重。这些挑战制约了鲁布革电站建设的发展，受制于传统组织模式，项目建设一度停滞，准备工程进展缓慢，前后拖延 7 年之久。1984 年，原水电部引进世界银行贷款，直接解决了资金匮乏的难题，引入世界银行贷款的同时，也带来了新的资金管理理念和项目管理理念，国际竞争性招标方式有效地降低了工程成本，提高了资金利用效率，促成了“一项工程、两种体制、三方施工”的项目实施格局。

鲁布革工程全面引入竞争机制，先进高效的建设实践对当时我国工程建设在管理体制、劳动生产率和报酬分配等方面产生了重大影响，促进了中国水电建设管理体制改革，被称为“鲁布革冲击波”。“鲁布革冲击波”带来了思想的解放，我国水电建设率先实行业主负责、招标承包和建设监理制度，推广项目法施工经验。新的水电建设体制逐步确立，计划经济的自营体制宣告结束，改革成效逐渐显现。这种新的管理模式带来了效率的极大提升，加快了我国水电开发进程，促进了中国水电建设管理体制改革。“鲁布革冲击波”引起广泛关注，影响深远。在此之后，全国大小施工工程开始试行招投标制与合同制管理，它的影响早已超出水电系统本身，对人们的思想造成了强烈冲击，是中国水电建设改革史上的重要里程碑，在中国改革开放史上也占有一席之地。

碧口水电站全景

碧口水电站

——中国第一座使用振动碾碾压施工的土石坝

碧口水电站位于中国甘肃省文县境内长江水系嘉陵江支流白龙江上。工程以发电为主，主要供电川北、陕南电力系统及甘肃碧口地区，同时兼有防洪、灌溉、航运、养殖及旅游等综合效益。

主体工程于1969年开工，1971年3月截流，1975年底蓄水，1976年第1台机组发电，次年其余两台机组陆续投入运行。

坝址控制流域面积2.6万km^2，年径流量90.6亿m^3。水库正常蓄水位704 m，总库容5.21亿m^3，调节库容2.21亿m^3，具有季调节性能。设计灌溉下游农田590 hm^2，年过木50万m^3。电站装机容量300 MW，保证出力

78 MW,多年平均年发电量 14.63 亿 kW·h。

工程由壤土心墙土石坝、右岸溢洪道、泄洪隧洞、过木道、左岸泄洪隧洞、排沙隧洞、发电引水洞和厂房等组成,属二等工程。碧口壤土心墙土石坝按500年一遇洪水设计,5 000年一遇洪水校核,10 000年一遇洪水保坝。坝顶高程710 m,最大坝高101.8 m,坝长297.36 m,坝壳由碾压堆石、石渣、砂砾石等多种材料构成,总填筑量396.6万 m^3。为预防近坝库岸失稳涌浪过坝,在坝顶设置高5.3 m的L形混凝土防浪挡墙。坝基砂卵石覆盖层最深达34 m,心墙下先后设置了两道混凝土防渗墙,其中后做的一道深达基岩,加上伸入心墙内深度总深为68.5 m。

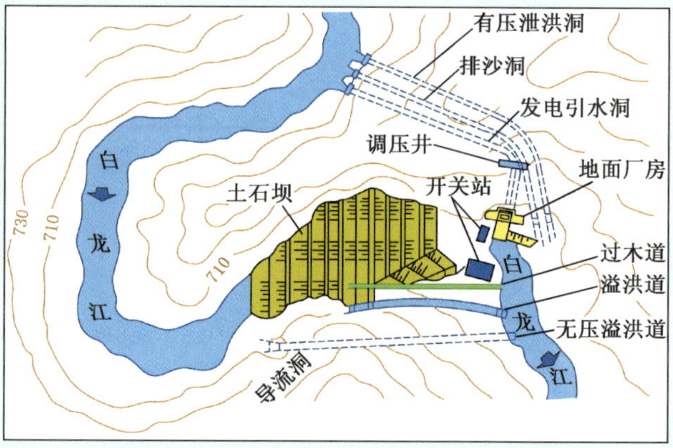

碧口水电站平面布置图

枢纽泄水建筑物有:右岸岸边开敞式溢洪道,最大泄量2 310 m^3/s;右岸无压泄洪隧洞,宽13 m,高15 m,最大泄量2 250 m^3/s;左岸有压泄洪隧洞,直径10.5 m,最大泄量1 711 m^3/s;左岸有压排沙兼泄洪隧洞,直径4.4 m,最大泄量296 m^3/s。各泄水建筑物泄洪时流速均在34 m/s以上,属高速水流状态。

引水发电系统位于左岸,包括进水口、引水隧洞、调压井。引水隧洞直径10.5 m,最大引水流量480 m^3/s,调压井为阻抗式方形竖井。厂房为岸边地面式,主厂房长83 m,宽20 m,高46.82 m。厂内装有单机容量100 MW混流式水轮发电机组3台,转轮直径4.1 m,额定水头73 m。右坝头设有3条纵向过木机,每条台班输木量900 m^3,目前已停止使用。

碧口大坝是中国第一次修建高于100 m的土石坝,首次采用了振动碾碾压技术,对岩性软弱的地下洞室围岩采用锚喷支护,以"龙抬头"方式将导流洞改建为泄洪隧洞。

毛家村土坝

以礼河梯级水电站

——中国最早的高水头梯级水电站

以礼河梯级水电站由毛家村、水槽子、盐水沟及小江4个水电站组成，是20世纪50年代在云南省会泽县兴建的跨流域开发梯级水电站。以礼河梯级水电站以发电为主，毛家村水库兼有灌溉效用。

以礼河为金沙江支流，流域面积2 558 km^2，全长122 km，天然水面落差2 000 m，年平均雨量900 mm。在水槽子坝址处的多年平均流量为19.3 m^3/s。以礼河自水槽子以下的下游河段与金沙江的流向近乎平行，距离较近，但以礼河的河床高程比金沙江约高1 380 m，因此自水槽子处采用跨流域引水开发方式。以礼河梯级水电站总装机容量321.5 MW，年平均发电量16亿kW·h。

以礼河梯级水电站平面布置图

毛家村水电站及水库建造在以礼河干流上，为全梯级的调节水库；水槽子水电站的拦河坝建在以礼河干流上，发电地下厂房建在以礼河干流外的山体内，发电尾水注入以礼河流域外的盐水沟水电站调节池；盐水沟水电站利用水槽子水电站的尾水发电；小江水电站除利用盐水沟电站尾水外，还纳入小江的流量，增大发电用水，发电后的尾水直接排入金沙江。

水槽子水电站于 1956 年开始建设，其余水电站相继于 1972 年全部建成。盐水沟及小江水电站为高水头开发，最大水头约达 629 m，安装单机容量 36 MW 的水斗式水轮发电机。在以礼河梯级水电站工程中，毛家村水电站的拦河坝为黏土心墙土坝，最大坝高 82.5 m；水槽子水电站拦河坝为溢流混凝土重力坝。4 个梯级电站的发电厂均为地下式。各梯级电站的主要特性见下表。

以礼河梯级水电站主要特性

水电站	控制流域面积(km^2)	多年平均流量(m^3/s)	最大水头(m)	装机容量(MW)	年发电量(亿 kW·h)
毛家村	868	15.9	77	16	0.73
水槽子	1 233	19.3	79	17.5	0.92
盐水沟	1 233	19.3	629	144	7.16
小　江	1 386	21.8	628.2	144	7.19

以礼河梯级水电站担任滇中电网调峰和部分事故备用任务，并且有灌溉 0.49 万 hm^2 农田和保护 0.09 万 hm^2 农田免遭洪灾的综合利用效益。

天湖水电站全景

天湖水电站

——中国最早兴建的水头超过千米的引水式水电站

天湖水电站位于湘江水系驿马河上游，距广西壮族自治区桂林市全州县城 35 km。

第一期工程于 1989 年 7 月开工建设，1992 年 4 月竣工；第二期工程于 1994 年 12 月开工建设，1999 年 7 月竣工。

工程由蓄(引)水、输水、发电和输电 4 个系统组成。

高山蓄(引)水系统，以天湖水库和海洋坪水库为核心，共 13 个中小型水库组成相互联系、上下贯通的水库群和引水、输水网络。水库群位于海拔 1 400 m 以上的高山区，总控制集水面积 43.67 km^2，水库总库容 3 424

万 m^3。

输水系统由两部分组成，前池以前部分为渠道和无压隧洞，将各水库的水引入前池；前池以后由无衬砌的压力竖井及压力钢管将水引至发电系统。

电站设计发电静水头 1 074 m，压力水道系统由 1 428 m 高程的大王山隧洞、二王山隧洞，高程 1 400 m 的丁字隧洞、竖井、斜井，高程 827 m 的平洞、洞内明管及洞外明管上下连接组成，全长 4 500 m。电站设计装机容量 60 MW，分两期建设，每期工程装机容量各 30 MW。多年平均发电量为 1.85 亿 kW·h。

截至 20 世纪末，天湖水电站为中国乃至亚洲水头最高的引水式水电站，其设计水压力及 PD 值均超过了中国当时设计规范的范畴，在当时规范仅可作为参考的特殊情况下，为保证压力钢管工作的可靠性，首次对钢管和岔管的膜应力区采用模糊优化理论，建立优化设计数学模型和模糊优化数学模型，在超高水头和超规范指标情况下将常规设计的允许应力提高 3%，对压力钢管进行优化设计，使设计既安全又经济。在电站运行中，压力钢管已承受了全甩负荷考验，未出现异常情况，经济效益和社会效益显著。在结构设计上，首创了压力钢管分离式动支座及超高水头消力井排水消能新技术；在伸缩节和进人孔分别采用了动静性能密封良好的聚四氟乙烯石棉盘根和特二铝新材料；施工中采用了厚钢板小直径辊圆不留头辊压新工艺，解决了曲率大、钢板厚的压力钢管成型技术难题，同时采用埋弧自动焊接新技术，焊前采用板式远红外预热，焊后用电炉恒温处理，消除焊渣、气泡、残余应力及冷弯应力，保证了钢管的制作和安装质量。

六郎洞水电站厂房

六郎洞水电站
——中国最早的地下水径流水电站

六郎洞水电站位于云南省红河州和文山州交界处的丘北县新店乡，是我国第二个五年计划期间投资兴建的 16 个水电站之一，也是中国第一座在岩溶地区直接利用地下水发电的水电站。电站于 1958 年 2 月开始施工，1960 年 2 月投产发电，同年 3 月竣工，是一座装机容量为 1.25 万 kW×2 的地下水力发电站。

六郎洞河为地下河流，河水自喀斯特溶洞中流出，经 5.2 km 的明流后汇入南盘江，落差为 104 m，平均坡降为 2%，全河流域面积 846 km^2，其中明流段流域面积为 39 km^2。该电站系引用南盘江右岸支流六郎洞地下水发电，地表水经地下河汇集于天然喀斯特溶洞——六郎洞，地下水量丰富，举世罕见。经截流堵漏形成溶洞内调节水库，由 3 368.33 m 长的地下引水隧道引水至主厂房发电，尾水泄入南盘江。

坝址控制流域面积 807 km^2，多年平均流量 22.6 m^3/s。水库正常蓄水位 1 086.0 m，总库容 27.1 万 m^3，有效库容 23.74 万 m^3，为日调节地下水库。电站装机容量 25 MW。

电站首部枢纽（包括溢洪道、冲沙闸、堵洞工程、进水口和地下水库等建筑物）布置在六郎洞洞口，采用干砌块石封堵溶洞，混凝土和钢筋混凝土板防渗，将洞内水位抬高，形成日调节地下水库。利用原石灰岩溶洞出口及下洞口修建冲沙闸和溢洪道，构成壅水、泄洪和冲沙等建筑物。

溢洪道布置在原六郎洞下洞口石灰岩岩基上，采用重力式溢流堰，堰顶高程1 083 m，坝（闸）高 11.6 m。堰顶设弧形闸门，原设计孔口尺寸（宽×高）为 6 m×3 m，1970 年因上级指示提高水位超负荷运行，曾将孔口尺寸缩小为 4 m×1.5 m。首轮定检后，按专家组意见，又将其恢复到原设计孔口尺寸 6 m×3 m。下游采用挑流消能。

冲沙闸布置于溢洪道右侧，采用钢筋混凝土结构。闸底板高程1 068 m，闸体高度 10.5 m，采用底孔泄流，底孔设弧形工作闸门，孔口尺寸（宽×高）为 1.8 m×1.8 m。

电站进水口布置在上洞内跌坎上游，底板高程 1 068 m。进水口采用隧洞式直接自洞内取水。

截至 2011 年，六郎洞水力发电厂累计发电 82.79 亿 kW·h，但电厂设备已严重老化，存在诸多安全隐患。为适应全省经济和社会发展对电力的需求，提高电站运行的可靠性和自动化水平，确保长期安全稳定运行，同时更充分地利用雨季水能资源，决定在老电站厂房旁边新增两台 1.5 万 kW 水轮发电机组，以代替在役的两台 1.25 万 kW 机组。2010 年 11 月 9 日，新六郎洞水电站建设工程正式开工，2013 年完工，两台老机组随之关停。

白山水电站全景

白山水电站

——我国东北地区最大的水电站

白山水电站位于吉林省桦甸市境内西流松花江上游干流上，下距红石水电站 39 km，距丰满水电站 250 km。它是东北地区最大的水电站，处于东北电力系统南北网的中部，主要担负系统调峰、调频和事故备用任务。与下游丰满水电站联合运行，可增加后者保证出力 19 MW、年发电量 0.46 亿 kW · h。

工程于 1958 年开工，1961 年停建，1971 年筹备复建，分两期进行，1984 年一期工程 3 台机组发电，1992 年二期工程 2 台机组全部投产发电。

坝址控制流域面积 1.9 万 km^2，年径流量 74 亿 m^3，年输沙量 105 万 t。水库正常蓄水位 413 m，总库容 67.66 亿 m^3，具有多年调节性能。通过水库调度，当遇小于 100 年一遇洪水时，可使丰满水库下泄流量减少 500～

1 000 m³ /s,减轻下游洪水灾害。

白山大坝为三心圆重力拱坝,最大坝高 149.5 m,坝顶弧长 676.5 m。大坝按 500 年一遇洪水设计,5 000 年一遇洪水校核,最大可能洪水保坝。洪水全部由坝身宣泄,泄洪设施由 4 个溢流表孔和 3 个中孔间隔布置组成。溢流表孔最大泄流量 8 880 m³ /s,中孔最大泄流量 4 110 m³ /s。表孔、中孔均采用鼻坎挑流消能,每个挑坎采用不同的挑角和平面扩散角,以形成挑流水舌相互穿射、横向扩散、纵向分层的三维综合分散消能,满足下游限定的冲刷与淤积要求。白山水电站总装机容量1 500 MW,分两期实施,第 1 期装机 900 MW,第 2 期装机 600 MW,保证出力167 MW,多年平均年发电量 20.37 亿 kW · h。右岸一期地下厂房位于坝下游90 m处的山体中,长 121.5 m,宽 25 m,高 54.25 m,厂内安装 3 台混流式水轮发电机组,单机容量 300 MW,额定水头 112 m,主变压器及开关站均布置在地下,调压井采用圆筒式。左岸二期岸边地面式厂房,内装 2 台与右岸相同的水轮发电机组,地面开关站布置在厂房左侧。电站最大水头 126 m,设计水头110 m,最小水头 86 m。

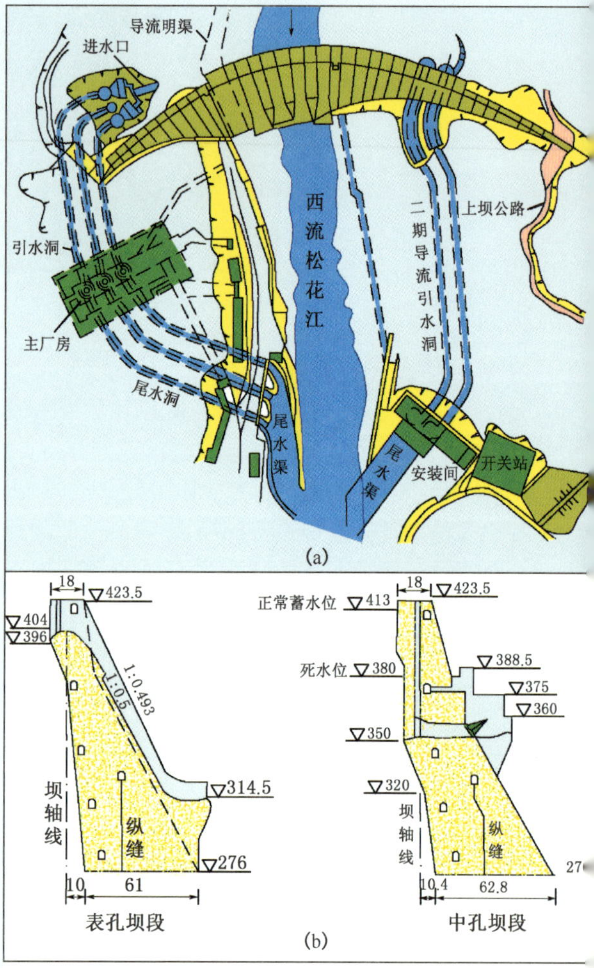

(单位：m)

白山水电站平面布置与溢流坝剖面图

白山水电站是西流松花江开发的第一个梯级,它与下游红石、丰满水电站群进行联合调度,提高了全梯级运行效益。在东北电力系统运行中,其调峰调频和事故备用作用非常突出,投产以来发挥了巨大的效益。

乌江渡水电站全景

乌江渡水电站
——中国喀斯特地区最高的重力拱坝

乌江渡水电站位于贵州省遵义市长江支流的乌江中游，是乌江水能资源开发的第一座大型工程，也是贵州电网中的主要电站，除供给贵州省工农业用电外，还向重庆送电，对电网起调峰作用。

工程于1970年开始施工准备，1979年第1台机组发电(其间曾停工2年)，1983年竣工。坝址控制流域面积2.78万km^2，年径流量158亿m^3。水库正常蓄水位760 m，总库容23亿m^3。大坝按500年一遇洪水设计，按5 000年一遇洪水校核。

工程由混凝土重力拱坝、坝面溢洪道、发电厂房及开关站、左右岸泄洪隧洞、坝身左右侧排沙泄洪中孔、右岸放空隧洞和升船机等组成。

乌江渡重力拱坝最大坝高 165 m，坝顶高程 765 m，坝顶弧长 395 m。坝面溢洪道共 6 孔，中间 4 孔采用厂房顶挑流方式，左、右边孔为滑雪道式挑流方式。左、右岸泄洪洞进口分别位于 16 号和 3 号坝段，孔口宽 9 m、高10 m，设有弧形工作门。

电站主厂房布置在坝后，采用全封闭式结构，安装 3 台单机容量 210 MW的水轮发电机组，保证出力 202 MW，多年平均年发电量 33.4 亿 kW·h。副厂房位于主厂房上游侧溢流面下部空腔内。

乌江渡重力拱坝是中国在喀斯特地区兴建的第一座高坝，坝址位于三叠系玉龙山石灰岩地层，喀斯特发育，坝下游不远处为九级滩页岩地层。坝基采用高压水泥灌浆帷幕防渗，与上游砂页岩隔水层相连接，解决了水库渗漏问题。防渗帷幕线路总长 1 020 m，最深处达河床以下 200 m，帷幕总面积 18.9 万 m^2，最大灌浆压力 6 MPa，左、右分别设 4 层和 5 层灌浆隧洞。由于河谷狭窄，泄洪流量大，坝面溢洪道、主厂房、副厂房和开关站在立面上重叠布置，泄洪设施采用 4 个溢流表孔、2 个中孔、两侧各 1 孔滑雪道式溢洪道及两岸各 1 孔泄洪洞联合泄洪，出口均采用鼻坎挑流消能。4 个表孔采用厂前挑流，泄洪水流越过坝后厂房上方挑向下游。其他各孔、洞的挑流鼻坎布设在不同高程、坝下不同距离处，使泄洪时各挑流的落点纵向拉开、分散，达到分散消能减小冲刷的目的，多年运行证明其效果良好。各泄洪设施单宽流量大、流速高，为避免高速水流引起流道结构空蚀，在流道上采用掺气设施，经原型观测及运行考验，掺气防蚀作用良好。混凝土工程采用年生产能力达 200 万 t 的人工骨料加工系统，解决了当地天然砂石料缺乏的问题。

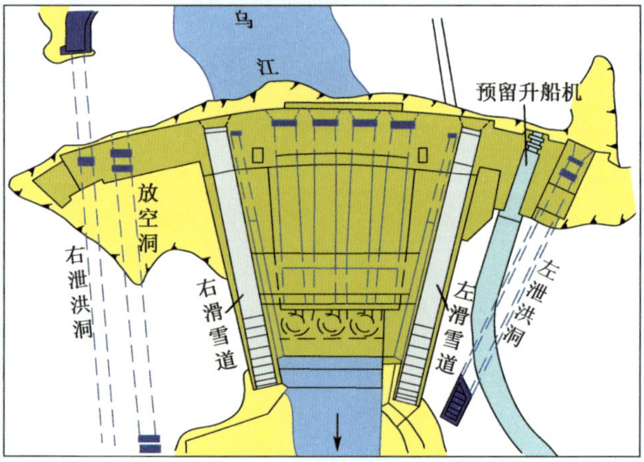

乌江渡水电站平面图

凤滩水电站全景

凤滩水电站
——中国第一座混凝土空腹重力拱坝

凤滩水电站位于湖南省沅陵县境内长江水系沅江支流的酉水下游，为坝式水电站，1978 年建成投产。工程以发电为主，兼有防洪、航运和灌溉等综合效益，拥有我国第一座空腹重力拱坝。

坝址以上流域面积 1.75 万 km^2，年径流量 159 亿 m^3。水库正常蓄水位 205 m，总库容 17.33 亿 m^3，调节库容 3.3 亿 m^3，具有季调节性能。通过水库调节，可减轻下游洪水灾害，灌溉下游农田 4 400 hm^2，改善水库上下游的航运条件，也可为库区养殖业发展提供有利条件。

工程由混凝土拦河坝、泄水建筑物、厂房和筏道组成。

为适应坝址河谷狭窄、洪水流量大、坝址地质条件复杂等具体情况，工程采用了混凝土空腹重力拱坝、坝顶溢流、空腹内设置厂房的特殊布置方式。凤滩空腹重力拱坝最大坝高 110 m，是当时世界上最高的空腹坝。空腹总长 255.8 m，最大空腹高 40.1 m、宽28.7 m，整个空腹容积 18.4 万 m^3。拱冠左侧的空腹中布置有主厂房、安装场；在右空腹中布置有 220 kV 的开关站。

泄水建筑物由 13 个溢流表孔和 1 个放空泄洪底孔组成。溢流坝段弧长 255 m，向心角约 61°，每个溢流孔净宽 14 m，采用相间的高低鼻坎挑流消能，计 7 个低鼻坎和 6 个高鼻坎。这种高低坎挑流空中碰撞，可消去下泄水流 50％的能量，减少了下游河床的冲刷深度，经水工模型试验和 10 余年运行实践证明，消能防冲效果良好。溢流坝段右侧设放空泄洪底孔 1 个，最大泄量1 236 m^3 /s。

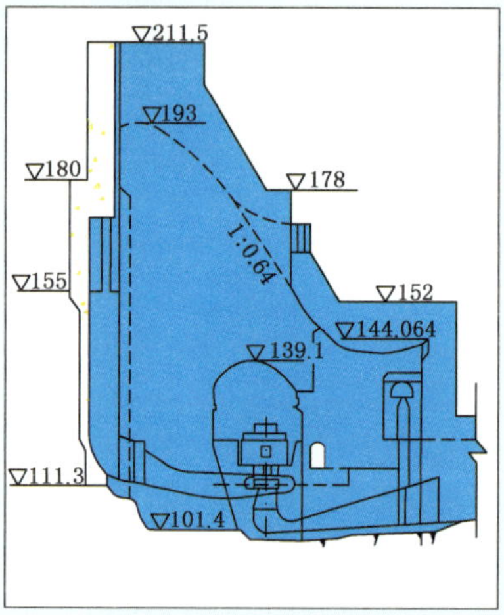

空腹内厂房布置示意图

电站厂房内装有 4 台 100 MW 混流式水轮发电机组，额定水头 73 m，保证出力 103 MW，多年平均年发电量 20.43 亿 kW·h。

过坝船筏道采用垂直加斜面升船机，可通过 50 t 级船只。

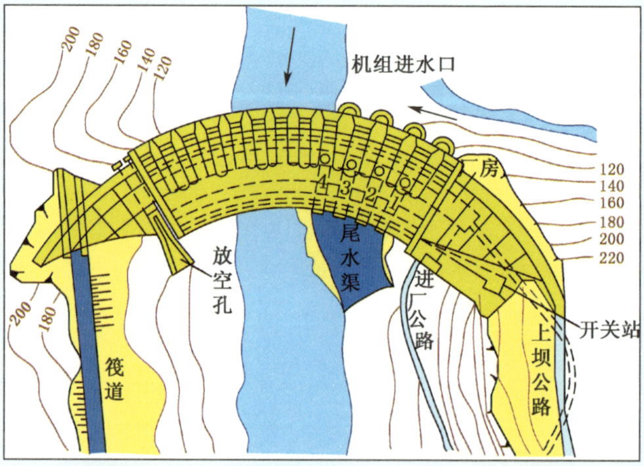

凤滩水电站平面布置图

二滩水电站全景

二滩水电站
——20 世纪中国最高的双曲拱坝

二滩水电站地处四川省西南边陲攀枝花市盐边与米易两县交界处，雅砻江下游，以发电为主，兼有其他综合利用效益。坝址距雅砻江与金沙江交汇口 33 km，距攀枝花市区 46 km，系雅砻江水电基地梯级开发的第一个水电站，上游为官地水电站，下游为桐子林水电站。水库正常蓄水位 1 200 m，总库容 58 亿 m^3，多年径流量 527 亿 m^3，调节库容 33.7 亿 m^3。

二滩水电站于 1987 年列入国家计划，由中央和地方合资建设，部分建设资金利用世界银行贷款。1991 年 9 月正式开工，1998 年 7 月第 1 台机组发电，2000 年完工。

电站枢纽由拦河坝、泄洪建筑物、消能建筑物、电站厂房等组成。拦河坝为混凝土抛物线形双曲拱坝，由 39 个坝段组成，最大坝高 240 m，坝顶弧长 774.69 m，为我国建成的第一座 200 m 级高拱坝。泄洪建筑物由坝身泄水孔和右岸泄洪洞组成，坝身泄水孔包括表孔 7 孔、中孔 6 孔及底孔 4 孔；泄洪洞位于雅砻江右岸，采用浅水式短进水口龙抬头明流泄洪洞，由进水口段、龙抬头段、洞身直段及出口挑坎段组成，设计流量为 7 400 m^3/s，校核流量为 7 600 m^3/s。消能建筑物由水垫塘和二道坝组成。电站装机总容量 330 万 kW，保证出力 100 万 kW，多年平均发电量 170 亿 kW · h，是我国在 20 世纪建成投产的最大电站。

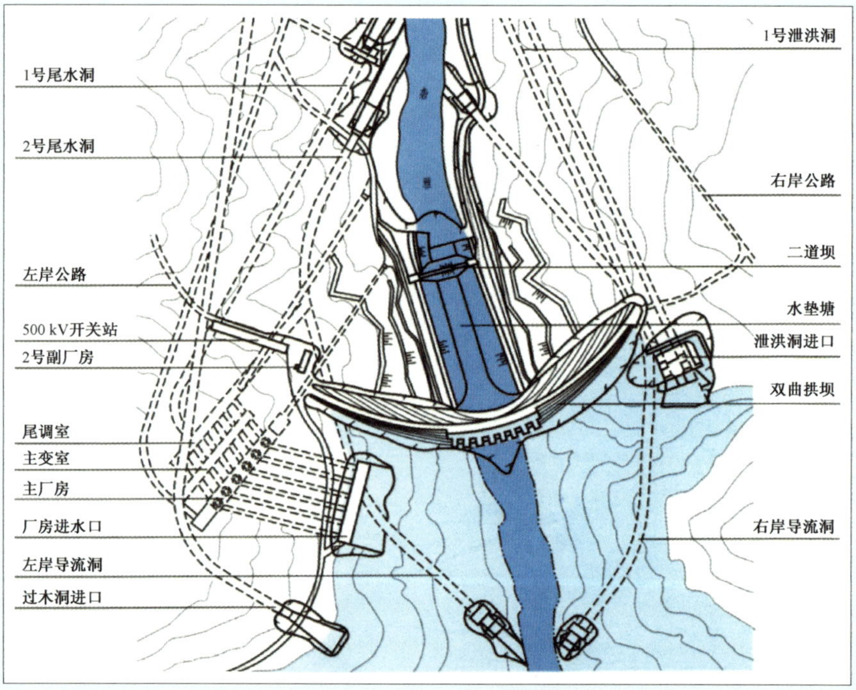

二滩水电站枢纽布置图

在工程勘测设计工作中，针对工程的关键技术问题，开展了大量的科学研究工作，其中包括“高混凝土坝计算方法和设计原则”“高混凝土坝岩体稳定性评价及可利用岩体质量研究”“高混凝土坝泄洪消能的研究”等专题的国家重点科技攻关。在建设过程中，在围堰防渗墙、基础处理工艺、大坝混凝土系统、地下结构开挖与支护、大型水轮发电机组的制造方面全面采用了国际先进技术。例如,施工中使用两座意大利 CIFA 公司生产的 4×4.5 m^3 混凝土搅拌楼,每座生产能力 360 m^3/h;采用 3 台 30 t 辐射式缆机进行混凝土浇筑;在地下工程的大洞室、高边墙施工中,考虑到高地应力及可能发生岩爆问题,采用了大量 175 t 级预应力锚索及喷钢纤维混凝土。

二滩泄洪图

二滩工程取得了多项中国第一和世界第一。① 中国第一:中国第一座超过 200 m 的高坝(坝高 240 m;实现从 150 m 到 240 m 的飞跃,谱写了中国高坝建设交响乐的第一乐章);中国最大的地下厂房洞室群(也是亚洲最大的);20 世纪建成投产的最大电站(电站总装机容量 3 300 MW);国内最大的水轮发电机组单机容量:550 MW,实现了从 335 MW 到 550 MW 的大跨越;国内第一个全面实行国际竞争性招标的水电工程;最大的泄洪洞,断面高 13.5～14.9 m,宽 13 m,最大流速达 45 m/s,均居全国第一;进水口高度 80 m,调压室高度 70 m,均居全国第一。② 世界第一:世界银行对单个工程贷款最多;大坝承受总荷载 980 万 t 和电站设计泄水能力 22 480 m^3/s,在高坝中为世界第一;导流洞断面面积(高 23 m,宽 17.5 m)为世界第一。二滩水电站被国外同行誉为中国 20 世纪内建成投产的最优秀水利工程,它标志着中国水电事业发展到一个新的历史阶段,其辉煌的成就和留给我们的启示是中华民族的巨大财富。其使川渝两地告别了多年的电力紧张局面，为21世纪的经济发展奠定了基础。

二滩水电站工程设计荣获全国第十届优秀工程设计金奖，工程勘察获得全国第八届优秀工程勘察金奖和首批国家环境友好工程奖，工程质量获第六届中国土木工程詹天佑奖。二滩水电站的成功建成，为小湾、锦屏一级等国内特高拱坝的启动建设带来了曙光，形成了可以参照的“二滩模式”——国内薄拱坝的设计和枢纽布局，几乎都是二滩的复制或者在此基础上的进一步改进。二滩造就了一大批人才，为后来溪洛渡、锦屏、瀑布沟、大岗山等特大型电站的设计做好了技术储备。

沙牌碾压混凝土拱坝

沙牌水电站

——世界最高的碾压混凝土拱坝

沙牌水电站位于四川省汶川县境内岷江一级支流草坡河上，坝址距成都市约 136 km。工程以发电为主要目标，担负系统调峰任务。工程于 1997 年 6 月 16 日开工建设，2003 年 12 月全面竣工。

坝址处于四川盆地西北部边缘，河谷狭窄，大致呈对称 V 形，下游左、右岸为凹形坡和条形山脊。坝基岩石完整性较好，河床覆盖层厚 30～40 m。地震基本烈度为Ⅶ度。正常蓄水位为 1 866 m，死水位为 1 825 m，总库容 0.18 亿 m^3，具有季调节性能。

枢纽主要建筑物有碾压混凝土拱坝、泄洪洞、引水隧洞及发电厂房等。大坝采用三心圆单曲拱坝，坝高 130 m，为 20 世纪末世界在建最高的碾压混凝土拱坝。坝体不设泄洪孔口，在右岸设两条泄洪隧洞。总装机容量36 MW，多年平均年发电量 1.78 亿 kW·h。

沙牌拱坝碾压混凝土方量 38.3 万 m^3，是我国 1990—2000 年重点科技攻关依托工程，为建设坝高百米级碾压混凝土拱坝积累了设计、科研、施工经验。工程主要特点如下。

(1) 选用三心圆单曲拱坝，以利坝肩稳定，使拱推力方向偏向山体内部。垫座高度12.5 m，坝顶中心线弧长250.25 m，最大中心角 92.48°。

(2) 为便于施工，坝体不设泄洪孔口，仅在右岸设 2 条泄洪隧洞，1 条系导流洞改建的旋涡式竖井泄洪洞，设计水头88 m，设计流量244 m^3/s，洞内消能率在 73%以上。

(3) 坝体采用了 2 条诱导缝组合 2 条常规横缝的结构，并且在高温季节浇筑的坝体部位埋设高密度聚乙烯冷却水管，通水冷却；采用重复灌浆技术，可对张开的诱导缝进行多次重复灌浆。

(4) 坝体利用迎水面富胶凝材料的二级配 C20 碾压混凝土自身防渗，层间铺设净浆。正常蓄水位下设置厚 2 mm 的高分子涂料护面作为辅助防渗。

“5·12”汶川地震后，沙牌大坝经受了山崩地裂的考验，安然无恙，成为汶川大地震中最“牛”的大坝。震后至今，大坝运行正常，为恢复生产提供了强大的能源支持。

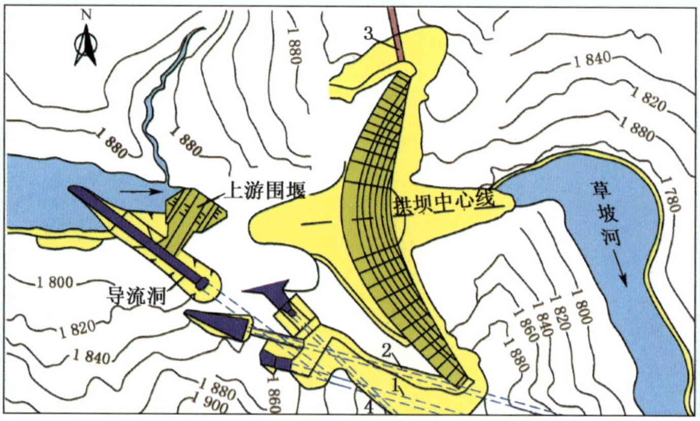

(单位：m)

1—导流洞；2—泄洪洞；3—公路交通洞；4—引水发电隧洞。

沙牌碾压混凝土拱坝枢纽平面布置图

南水水电站全景

南水水电站
——中国应用定向爆破技术效果最好的堆石坝

南水水电站位于广东韶关乳源南水上，距乳源瑶族自治县县城 16 km，是广东省第二大人工湖，也是韶关市装机容量最大的一座水电站。工程于 1960 年 12 月 25 日进行大爆破，1969 年蓄水发电。

坝址控制流域面积 608 km^2，多年平均流量 33.4 m^3/s，设计洪水流量 4 190 m^3/s，总库容 12.18 亿 m^3，装机容量 75 MW。坝址两岸山体高耸，河谷呈 V 形，水面宽约 15～30 m，地质条件为石英砂岩。

大坝采用定向爆破堆筑，坝高 81.8 m，坝顶长 215 m，坝顶宽 8 m，坝底宽 430 m，上、下游堆石边坡均为 1∶3，设计爆破抛掷方量 114 万 m^3，堆积平均高度为 65 m。

施工采用在右岸布设以大型药包为主、结合小型辅助药包的爆破方案，共装药 1 394 t，经检测，抛掷方量为 105 万 m^3，抛掷有效上坝量 100 万 m^3；堆石坝体中心与设计仅差几米，爆破定向正确；爆破堆石平均高度62.3 m，底宽 420 m，上、下堆石边坡均为 1∶3，与设计基本吻合，爆破堆筑良好；爆破对基岩破坏影响小，都控制在设想的破坏范围以内；爆破抛石堆体空隙率平均小于 30%，密实度较高。水库建成后正常运行，曾经过三次洪水位的考验，坝体质量良好，成为中国定向爆破筑坝规模大、效果最好的工程。

南水水库水质晶莹透碧，沿岸青山连绵，瑶寨竹木楼掩映在绿树丛中。在库内西北面积约 667 hm^2 的半岛上，建有中国南方第一家狩猎场。从水库码头乘船前往狩猎场，途中可领略库区风光。

南水水库风景之一

南水水库风景之二

南水水库风景之三

南水水库风景之四

天生桥一级混凝土面板堆石坝全景

天生桥一级水电站
——20世纪面板面积及堆石体方量世界第一的大坝

天生桥一级水电站位于南盘江干流，为红水河梯级开发的龙头电站。坝址右岸为广西壮族自治区隆林县，左岸为贵州省安龙县。电站距贵阳市240 km，其上游约62 km是南盘江支流上的鲁布革水电站，下游约7 km是天生桥二级水电站。电站于1991年6月开工建设，1994年底截流，1998年底第1台机组发电，2000年工程竣工。

坝址控制流域面积50 139 km^2，多年平均径流量193亿 m^3。总库容102.57亿 m^3，为不完全多年调节水库。主要建筑物均按1 000年一遇洪水设计，最大可能洪水校核。

枢纽由混凝土面板堆石坝、开敞式岸边溢洪道、放空隧洞、引水系统和地面厂房等主要建筑物组成。天生桥一级水电站采用混凝土面板堆石坝，最大坝高 178 m，居 20 世纪末世界已建面板坝的第二位，坝顶长度、坝体填筑方量和面板面积居世界首位。坝顶高程 791 m，坝顶长 1 104 m，坝体填筑量约 1 800 万 m^3，其中 1 400 万 m^3 的填筑料来源于溢洪道的开挖渣料。

布置在右岸垭口的溢洪道具有规模大、泄流量大、流速高的特点，由引水渠、溢流堰、泄槽、挑流鼻坎和护岸工程组成。溢流堰前缘宽度 81 m，设 5 孔 13 m×20 m 弧形闸门，为 20 世纪末中国规模和泄量最大的岸边溢洪道，最大流速达 45 m/s，泄槽内布置有掺气减蚀设施。

放空隧洞位于右岸，具有后期导流、旁通及放空等多种作用，最大泄量为 1 766 m^3/s。用弧形闸门控制，总水压力 87 350 kN，是当时国内采用液压伸缩式止水的最大弧形闸门。

水电站总装机容量为 1 200 MW，4 机联合运用时，保证出力 403.6 MW，多年平均发电量52.5 亿 kW·h。

厂房位于大坝下游左侧岸边，采用单机单管引水方式。引水系统布置在左岸，由引水渠、进水塔、隧洞与压力钢管组成。隧洞段上覆岩体单薄，又是断层通过带，故采用了后张法有黏结预应力混凝土衬砌新技术。主变压器布置在厂房上游。

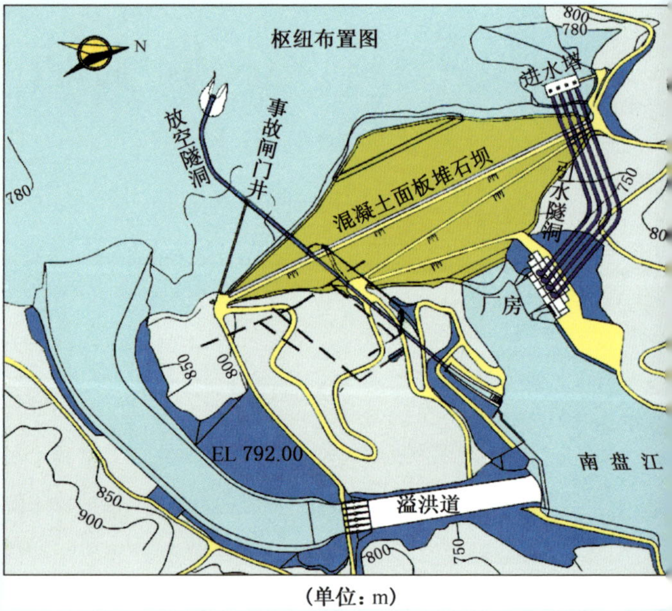

(单位：m)

天生桥一级水电站平面图

天生桥一级水电站运行以来，对云贵、两广四省(区)的经济发展和社会进步起到了积极的促进作用。

清江水布垭枢纽工程混凝土面板堆石坝枢纽效果图

水布垭水电站

——世界最高的混凝土面板堆石坝

水布垭工程位于湖北恩施巴东县境内长江支流清江中游，是清江干流龙头工程。上游距恩施市 117 km，下游距隔河岩水电站 92 km，以发电、防洪、航运为主，兼顾其他的水利枢纽综合运用。

工程于 2002 年 1 月开工，2002 年大江截流，2006 年 10 月导流洞下闸，2007 年 4 月放空洞下闸，2007 年 7 月首台机组投产发电，2008 年 8 月 4 台机组全部并网运行。

水库正常蓄水位 400 m，总库容 45.8 亿 m^3，安装 4 台混流式水轮电机组，单机容量400 MW，总装机容量1 600 MW。保证出力310 MW，每年平均发电量 39.2 亿 kW · h。

该工程为大型水利枢纽。主体建筑物有：混凝土面板堆石坝、河岸式溢洪道、右岸地下式电站厂房和放空洞等。混凝土面板堆石坝为目前世界上最高的面板坝，最大坝高 233 m，坝顶高程 409 m，坝轴线长 660 m，大坝上、下游坝坡均为 1∶1.4。河岸式溢洪道布置在左岸，由引水渠、控制段、泄槽段（含挑流鼻坎）和下游防冲段组成，下游防冲段采用防淘墙的结构形式。放空洞布置在右岸，用于水库放空，中、后期导流和施工期向下游供水等。有压洞长 530.24 m，洞径 9.0～11.0 m。无压洞长 532.63 m，洞室净空尺寸为 7.2 m×12.0 m，为城门洞形。引水式地下电站的引水隧洞采用一机一洞，平均长 387.9 m，圆形断面内径为 6.9～8.5 m；地下厂房尺寸为 168.5 m×23 m×67 m（长×宽×高）；尾水洞亦采用一机一洞，平均长 313.18 m，圆形断面内径为 11.3 m。

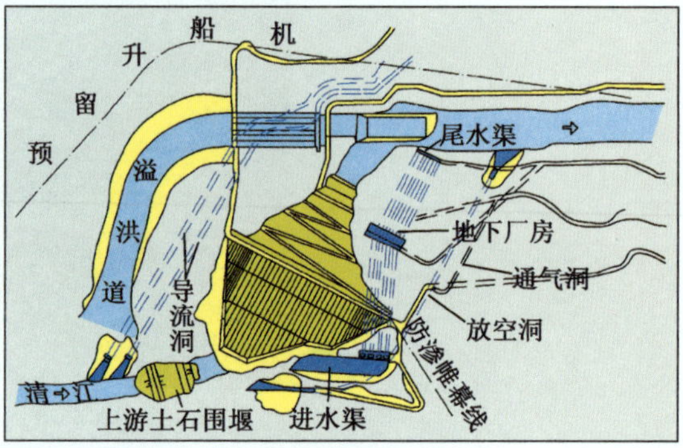

水布垭枢纽布置图

枢纽两岸地形陡峻，库首近坝地段及坝区环境地质条件比较复杂，坝址区环境地质条件较差，有较多的危岩体分布，先后进行了滑坡治理、软岩成洞、消能形式等多项研究工作，取得了良好的效果。

2018 年 12 月 26 日，水布垭水电站通过国家竣工验收，成为国家新的工程竣工验收规定出台后，首座通过验收的常规大型水电站。尤其在应对 2016 年清江流域特大洪水和 2017 年特大秋汛中，水布垭枢纽工程发挥了显著的防洪效益。水布垭工程建设全面完工，标志着清江流域梯级电站建设画上句号，清江流域开发建设使命完成，工程进入正常运行管理、全面发挥效益新阶段。

乌东德水电站全景

乌东德水电站

——世界单机容量最大的水轮发电机组

乌东德水电站是我国西南地区的大型水电站，位于四川省会东县与云南省禄劝县交界的金沙江干流上，是金沙江下游的特大型水利工程，以发电为主，兼有防洪、拦沙和改善下游航运条件等综合效益，是中国装机容量第四大水电站，世界第七大千万千瓦级的巨型水电站，也是实施“西电东送”的国家重点工程。乌东德大坝是混凝土双曲拱坝，是世界上首座全坝应用低热水泥混凝土浇筑的特高拱坝，也是世界上最薄的 300 m 级特高拱坝，坝高 270 m，底厚 51 m，平均厚度 40 m，厚高比仅为 0.19。

乌东德水电站是金沙江下游河段开发规划的四个梯级电站（乌东德、白鹤滩、溪洛渡、向家坝）中的第一级，在金沙江水电基地中规模第三，小于溪洛渡水电站和白鹤滩水电站。正常蓄水位 975 m，总库容 74.08 亿 m^3，调节库容 30 亿 m^3，防洪库容 24.4 亿 m^3，总装机容量 1 020 万 kW，单台机组为 85 万 kW，左右岸各 6 台，是目前世界上已投产最大的水轮发电机组。年平均发电量 389.1 亿 kW · h，工程静态投资 336 亿元。

乌东德水电站是西电东送的重要项目之一，满足了华东、华中经济发展的用电需求。在泄洪方面，乌东德水电站利用深水垫及硬岩横向谷较好的边坡条件，采用坝身 5 个表孔、6 个中孔、岸边 3 条泄洪洞的联合泄洪方案，取得了良好效果。除了抗震抗洪外，由于乌东德大坝的“纤细身材”需要承载起千万级特大型水电站的蓄水需求，所以它面临的主要挑战来自坝体内部——防裂缝。坝越薄，抗裂缝的能力越差，为预防开裂，坝体需要保持连续上升，每一个单元浇筑间隔不能超过 14 天，但是坝址为干热型河谷，环境温度高，内外温差极易导致混凝土裂缝。为有效控温，工程采用了智能通水 2.0 系统对大坝混凝土进行通水冷却，开创了实时控温、自动控制、精准把控的新模式，完美实现了浇筑无缝大坝的目标。

乌东德水电站是中国向水电强国迈进的一个里程碑工程，而金沙江流域梯级开发模式，充分体现了三峡集团的自主创新、民族技术和中国方案。乌东德水电站工程毫无疑问是数万名建设者以及科技工作者，通过一千多个埋头苦干的日夜的攻坚克难，打造出的又一国之重器，是对习近平总书记“永攀科技新高峰”要求的最好实践。在乌东德水电站建设过程中创造了许多世界第一。

乌东德水电站 3 号机组

★ 世界上第一个 ±800 kV 特高压柔性直流输电工程。

★ 世界上单站容量最大的柔性直流输电工程（5 000 MW）。

★ 世界上第一个采用全桥和半桥混合桥阀组的特高压柔性直流输电工程。

★ 世界上第一个高端阀组、低端阀组串联的特高压柔性直流输电工程。

★ 世界上第一个输电距离超过 1 000 km 的远距离大容量柔性直流输电工程。

★ 世界上第一个具备架空线路故障自清除及再启动能力的柔性直流输电工程，第一次实现利用混合桥阀组输出负电压清除线路故障，可以高速再启动。

★ 世界上第一个常规直流和柔性直流混合的直流输电系统，送端采用常规直流，受端采用柔性直流。

★ 世界上第一个混合多端直流输电工程，送端常规直流和受端 2 个柔性直流组成多端系统。

★ 构建了世界上第一个由柔性直流和常规直流组成的多直流馈入电网系统，柔性直流同时提供有功和无功，提高电网安全稳定水平。

★ 研发了世界上第一个特高压混合多端直流输电控制保护系统，实现了送端常规直流和受端 2 个柔性直流组成的多端系统协调控制，组成了世界上最多运行方式的直流系统。

★研发了世界上容量最大的柔性直流换流阀(±800 kV/5 000 MW)，世界上柔性直流单站换流器功率模块数量最多(5 184 个)。

★ 世界上第一次实现了特高压混合直流系统单阀组、单站在线投退，克服了混合桥阀组直流短接充电和零压大电流运行难题。

★ 世界上首次系统地研发制造了电压等级最高、容量最大的柔性直流成套装备。

★ 建设了世界上最大的直流输电阀厅(长 89 m×宽 86.5 m×高 43.75 m)。

★ 世界上首次实现了交流故障下多端柔性直流稳定运行，达到交流故障全穿越。

★ 世界上首次建立了单一功率模块任意故障均能安全隔离的长期可靠运行技术。

★ 世界上首次建立了特高压常规直流和柔性直流混合输电技术的技术规范和成套设计技术。

乌东德水电站首批机组经过 72 小时试运行,于 2020 年 6 月 29 日正式投产发电。乌东德水电站是流域开发的重要梯级工程,有利于改善和发挥下游梯级的效益,增加下游梯级电站的保证出力和发电量,并促进地方经济社会发展和移民群众脱贫致富。

向家坝水电站全景

向家坝水电站
——中国第三大水电站

向家坝水电站是位于我国金沙江下游干流的一座大型水力发电站，目前是已建成的中国第三、世界第六的水电站。向家坝坝址位于云南省昭通市水富市与四川省宜宾市叙州区交界的金沙江下游河段上，是金沙江水电基地最后一级水电站。向家坝水电站至上海的±800 kV 直流特高压国产化示范工程是国内输送电压等级最高、最先进的电力系统之一。

向家坝水电站于 2006 年 11 月动工兴建，2012 年 11 月 5 日首台机组开始发电。水电站枢纽由拦河大坝、泄洪排沙建筑物、左岸坝后厂房、右岸地下厂房、左岸垂直升船机和两岸灌溉取水口等组成，拦河大坝为混凝土重力坝，坝顶高程 384 m，坝顶高度为 162 m，坝顶长度为 909 m，发电厂房分别位于右岸地下和左岸坝后，每个厂房设有 4 台发电机。2013 年起，右岸坝后电站动工，增加 3 台发电机。至此，向家坝水电站发电机总数量达到 11 台，总装机容量 640 万 kW，年发电量 307.47 亿 kW·h。向家坝水电站是金沙江水电基地 25 座水电站中兼顾灌溉功能的超级大坝，其余 24 座大坝均无灌溉水利设施。向家坝升船机规模与三峡相当，属世界最大单体升船机，千吨级船舶过坝只需 15 分钟，而三峡船闸平均过坝时间达 5 小时，船舶翻坝效率远超三峡五级船闸。

向家坝水电站的开发任务以发电为主，兼顾防洪、改善通航条件、灌溉，同时具有拦沙和为溪洛渡水电站进行反调节等作用。电站主要供电华中、华东地区，兼顾川、滇两省用电需要。

向家坝水电站创造了多项世界之最。

★ 为克服松软的地质条件，向家坝打造了世界上最大规模的沉井群。

★ 为有效利用金沙江巨大的水流落差，向家坝安装了世界上最大的 80 万 kW 超级水轮机。

★ 为配合水富万里长江第一港的区位优势，不影响水富上游航运，向家坝建设了世界最大单体升船机。

★ 由于向家坝紧邻城市建设，又因金沙江地质条件松软，向家坝不能采用三峡大坝那样简单的挑流消能方式，而被迫选用技术难度更大、维护成本更高的底流消能方式，为此建设了世界上最大的两个大型洪水消力池。

★ 采用的缆机是亚洲第一大跨度的巨型国产缆机。

★ 为解决向家坝砂石骨料供应问题，特地建立了世界上最长的砂石骨料输送带，长达 30 余 km。

在上游有锦屏一级、溪洛渡水电站调节时，向家坝水电站保证出力 200.9 万 kW，年发电量 307.47 亿 kW·h。远期上游干支流规划的虎跳峡、两河口、白鹤滩等梯级大型调蓄水库相继建成后，保证出力将增加到 350 万 kW 以上，发电量和电能质量将稳定提高。向家坝水电站与溪洛渡水电站联合运用是解决长江防洪问题的主要工程措施之一，配合其他措施，可使宜宾、泸州、重庆等城市的防洪能力逐步达到国家规定的标准。同时，配合三峡水库可进一步提高荆江河段的防洪能力，减少长江中下游地区的分洪损失。此外，金沙江属山区型河流，因河道狭窄，滩多流急，向家坝库区将成为行船安全的深水航区，航运条件得以根本改善，与溪洛渡水库联合调度运行，还可改善下游枯水期的航运条件。

洪家渡水电站全景

洪家渡水电站

——拉开了西部大开发的序幕

洪家渡水电站位于贵州西北部黔西、织金两县交界处的乌江干流上，是乌江水电基地11个梯级电站中唯一对水量具有多年调节能力的龙头电站，大坝高179.5 m，坝址以上控制流域面积9 900 km^2，多年平均径流量48.9亿m^3。水库总库容49.47亿m^3，调节库容33.61亿m^3。电站安装3台立轴混流式水轮发电机组，装机总容量60万kW。工程总投资49.27亿元。洪家渡水电站是国家西部大开发和“西电东送”首批开工的重点工程之一。由于水库的调节作用，可使下游索风营、东风、乌江渡电站每年共增加发电量15.96亿kW·h。电站建成后在贵州电网中主要承担调峰、调频和事故备用任务，有效地改善电网的运行条件。

洪家渡水电站枢纽由混凝土面板堆石坝、左岸泄洪系统(包括洞式溢洪道、泄洪洞)、左岸引水发电系统、坝后岸边式发电厂房等组成。工程于2000年11月8日正式开工,2004年7月18日首台机组投产,同年11月6日、12月20日2#、3#机组相继投产发电,实现了同等规模水电工程建设中“一年三投”的奇迹。从导流洞开工到第1台机组发电工期为4年3个月,主体工程于2005年底全部完工。总工期比计划工期缩短2年3个月,为实现“西电东送”的宏伟目标作出了积极的贡献。

“西电东送”是指开发贵州、云南、广西、四川、内蒙古、山西、陕西等西部省(区)的电力资源,将其输送到电力紧缺的广东、上海、江苏、浙江和京津唐地区,“西电东送”工程是中国西部大开发的标志性工程之一。时任国务院总理朱镕基在工程开工贺电中说道:洪家渡水电站“西电东送”工程的开工,标志着西部大开发拉开序幕。洪家渡电站在贵州电网中主要承担调峰、调频和备用任务,改善电网运行条件,并具有防洪、工农业供水、改善生态环境、旅游、水产养殖、改善航运等综合效益。电站的兴建,无论对乌江梯级的“流域、梯级、滚动、综合”开发,还是对贵州电力结构的优化,以及对贵州经济的振兴,都有着重要的推动作用。为建造一个高效、优质、经济、环保的一流电站,采用大量新技术、新材料、新工艺,解决了多项工程技术难题,建设过程中有10个项目获贵州省优质工程一等奖。

洪家渡水库

洪家渡发电站投产以来,以安全生产为中心,不断探索“新厂新制”的管理模式,取得了显著成效,缓解了煤电紧张局面,为“西电东送”和“富民兴黔”作出了积极贡献。

公伯峡水电站全景

公伯峡水电站

——黄河干流第一座混凝土面板堆石坝

公伯峡水电站位于青海省循化撒拉族自治县与化隆回族自治县交界的黄河干流上，距西宁 153 km，是黄河上游的大型梯级电站。枢纽建筑物由大坝、引水发电系统、泄水系统 3 部分组成，水库总库容 6.2 亿 m^3，兼顾灌溉及供水。公伯峡水电站是国家实施西部大开发“西电东送”北部通道的第一颗明珠，也是黄河上游水电开发有限责任公司组建后，投资兴建的第一座大型水电站。电站安装 5 台 30 万 kW 水轮发电机组，总装机容量为 150 万 kW，多年平均发电量 51.4 亿 kW·h。

工程于 2001 年 8 月 8 日正式开工建设，2004 年 9 月 23 日首台 30 万 kW 机组并网发电，标志着中国水电装机容量超过 1 亿 kW·h，第 2 台机组于2004年10月投产，第3台机组于2005年7月投产，第4台机组于2005年12月5日完成72小时试运行，2006年1月21日消缺结束并网归调，2006年7月5台机组全部投产发电。公伯峡水电站的投产发电，缓解了青海省的用电压力，满足了当地的电力市场供应需求，有力地推动了地区社会经济的发展，为国家电源建设书写了华丽而苍劲的一笔。

该工程的挡水大坝是黄河干流上修建的第一座大型钢筋混凝土面板堆石坝工程，坝址地质条件复杂，筑坝质量要求高。该工程在国内首次采用了自行混凝土挤压式边墙、K30质量检测等多项新技术，保证了大坝施工质量；在施工中还采用EP新型保温材料、优化混凝土配合比、新型模板等建设部推广的十项新技术，解决了高寒干燥地区混凝土施工质量控制的关键问题，保证了混凝土内在和外观质量。泄水建筑物在国内外首次采用水平旋流消能技术，成功地将导流洞改建为泄洪洞，解决了在复杂恶劣地质条件下的泄洪安全问题。大坝钢筋混凝土防渗面板一次性浇筑到坝顶，斜长达218 m，成为当时世界上最长的混凝土防渗面板。同时，还采用深层帷幕灌浆、施工缝多层防渗处理等多种措施，成功解决了建筑物基础稳定和钢筋混凝土面板堆石坝渗漏问题。

公伯峡工程作为全国开展环境监理的13个大型试点工程项目之一，成功地实施了环境保护和监测管理，显著地改善了区域生态环境并为我国同类水利水电工程的环境保护开辟了一条新途径。在黄河干流上修建了第一座鱼类繁殖增殖放流站，率先开展了流域河段珍稀鱼种的保护工作。生活区污水经处理后全部用于绿化灌溉，实现了生活污水的“零排放”。大面积开展了园林美化建设，在我国水电行业同类规模工程中第一个实现了花园式工地。由于在水电开发建设方面的新理念，公伯峡水电站几乎囊括了水电建设的所有荣誉：中国电力工程优质奖、中国建筑工程最高奖——鲁班奖、中国环保工程最高奖——国家环境友好工程奖。2009年，公伯峡水电站工程获得土木工程类国家级最高奖——詹天佑奖。

丰满水电站旧坝全景

丰满水电站
——中国水电之母

位于吉林省吉林市松花江上的丰满水电站始建于 1937 年，是中华人民共和国成立初期最大的水电站和东北地区最重要的水利枢纽。追溯丰满水电站的历史，可谓跌宕起伏。丰满水电站在 1937 年日本侵占东北时期开工兴建，是当时亚洲规模最大的水电站。1942 年大坝蓄水，1943 年 5 月 29 日首台机组投产发电。1945 年 8 月 10 日，日本宣布无条件投降，此时，丰满发电厂还尚未竣工，总投入资金 2.37 亿日元，电站机组安装已完成了第一期工程的 50%，完成总工程量的 87%。1948 年解放军从国民党手中夺回东北后，即委托苏联彼得格勒水电设计院做出丰满水电站修复和扩建工程的设计，安装 1 台 6 万 kW、2 台 6.5 万 kW、5 台 7.25 万 kW 以及 1 台 0.125 kW

小机组，共计装机容量 55.375 万 kW。后来，又陆续进行了三期改扩建工程。

丰满水电站旧坝坝高 91 m，坝长 1 080 m，坝底宽 60 m，坝顶宽 9～13.5 m，坝体混凝土量 194 万 m^3。设计泄洪量 9 020 m^3/s，设计洪水位为 266 m，形成的水库贮水面积 550 km^2，总库容 107.8 亿 m^3。1942 年，大坝混凝土完成浇筑量的 59%时即开始蓄水，于当年 10 月 17 日开始关闭截流闸门，到 11 月 7 日关闭了最后一扇，完成了截流任务，使亘古奔流不息的西流松花江(当时称“第二松花江”)断流，从此出现人造的松花湖。随着日本侵略者的战线不断扩大，尤其是日本偷袭美国珍珠港后导致美国直接加入战争，开辟了太平洋战场。日本资源短缺的情况愈发明显，日伪政权急于尽快建成发电，不惜一切代价加快工程进度，使用了大量劣质混凝土等建筑材料，施工程序更是混乱不堪，导致大坝主体工程存在严重缺陷，坝体出现漏水等问题。即使这样，1945 年日本宣布无条件投降时，丰满大坝混凝土浇筑也只完成了全部混凝土总量的 89%，坝体高度尚没有达到最初的设计高度。而从日本投降到中华人民共和国成立这段时间，国民党统治者并没有对丰满水电站进行任何加固、修补及进一步建设，导致坝体存在的问题继续恶化。中华人民共和国成立之后，历经坎坷的丰满水电站终于回到人民的怀抱，为了尽快地建成这座水利工程，使其能够发挥出原有的设计功能，并且为中国经济社会发展贡献力量，国家将丰满水电站列为第一个五年计划的重点项目。在党和国家的领导下，建设者们齐心协力建设丰满水电站，1953 年工程基本完成。

丰满水电站是东北电网中的一座骨干电站，不仅提供大量电能，还起到调峰、调频和事故备用等重要作用，有 1 台机组经常发电担任基荷，维持西流松花江一定的基本流量，满足航运要求，其他机组主要供电网调峰之用。电站兼有防洪、供水、灌溉、水产养殖与旅游等综合利用效益。作为水电老厂，丰满水电站在长期生产中积累了丰富宝贵的经验，为中国水电事业培养和输送了大批人才。丰满水电站的发展历程也告诉我们：落后就要挨打，发展才能自强！

丰满水电站旧坝是目前中国运行时间最长的大型混凝土重力坝，大坝历经日伪时期和中华人民共和国成立以后的施工，因受历史条件的影响，施工质量较差，存在坝体漏水、溶蚀、混凝土老化冻融破损、大坝整体性差等问题以及诸多先天性缺陷，虽经多年补强加固和精心维护，仍然无法彻底根除，致使丰满大坝深陷拆修争议数年。国家电监会在 2007 年将丰满水电站大坝安全等级评定为病坝，2009 年其业主单位国家电网公司确定了重建方案。2012 年 10 月 18 日，国家发展改革委核准了丰满水电站的全面治理（重建）工程。重建工程是在原大坝下游 120 m 处新建一座大坝，恢复原电站功能和任务，不改变水库特征水位，是世界上首次近百米坝高、百亿库容、百万装机的大型水电站重建项目。新建大坝为碾压混凝土重力坝，坝长 1 068 m，最大坝高 94.5 m。水库正常蓄水位 263.5 m，具有多年调节能力。电站将新安装 6 台单机 20 万 kW 混流式水轮发电机组，并保留原三期工程的 2 台 14 万 kW 机组，总装机容量达到 148 万 kW，届时年均发电量 17.09 亿 kW · h，以 500 kV 电压接入吉林电网。

丰满水电站新坝建设

2018 年 12 月 12 日，丰满旧坝进行了首次爆破。涉及的坝体长度为 18 m，宽度为 13.5 m，高度为 4.2 m。这也标志着运行了 80 年之久的丰满水电站老坝结束了它的历史使命。2019 年 5 月 20 日 11 时 16 分，丰满水电站原大坝成功爆破。如今，新坝已经完工，旧坝也完成了拆除工程。新坝防洪能力是旧坝的2倍,发电能力是旧坝的1.5倍,多年来一直困扰着人们的重大安全隐患也彻底消除。目前,丰满新坝质量优良,坝基渗漏量7.7 L/s,达到了国际领先水平。同时,新的丰满水电站使水库汛限水位恢复到263.5 m高程的正常汛限水位,最大防洪能力提升1倍,彻底消除了老水电站的缺陷。

丰满旧坝爆破场景

丰满水电站旧坝的建设过程为全国水电行业发展积累了丰富的运行经验,培养了一大批优秀的专家骨干和技术人才。据不完全统计,从丰满水电站共计走出了2 000余名技术人才支援全国其他地区的水利工程建设,后来的刘家峡、龙羊峡、葛洲坝、长江三峡……这些水利枢纽工程中都有着丰满水电站技术人员的身影,"中国水电之母"的美誉由此而来。

古田一级水电站全景

古田溪水电站
——我国第一座混凝土宽缝重力坝

古田溪水电站是我国最早开发的梯级水电站，基本由我国自行设计、施工、制造和安装设备，是中华人民共和国成立初期水电建设的一个典型缩影。古田一级水电站位于福建省古田县境内古田溪上，电站引水隧洞长1 920 m，洞径4.4 m，地下厂房长59.6 m，宽12.5 m，高29.5 m。它也是中国首座地下厂房水电站，安装有2台6 000 kW、4台1.25万kW的水轮发电机组，第1台6 000 kW机组于1956年3月投入运行。

福建省古田溪水力发电厂是一个一厂四站集中管理的国有中型发电企业。全厂由4个梯级电站(12台机组)组成，原总装机容量25.9万kW。经近年来对机组的增容改造，现总装机容量已达27.6万kW，设计多年平均发电量

7.41 亿 kW · h,在福建电网中担负着调峰、调频、调压和事故备用任务。厂部设在古田县半坑亭,距离古田县城关 6 km。其所属场、站分布在古田、闽清两县,绵延近 40 km。素有"北有丰满,南有古田"之称的古田溪水力发电厂是新中国建设的第一座地下水力发电厂,其一级地下厂房一期主体工程于 1951 年 3 月开工,1956 年 3 月一级电站一期两台机组投产,至 1973 年 12 月各梯级电站 12 台机组全部投产。

古田溪梯级水电站一、二级电站在古田县境内,三、四级电站在闽清县境内。

(1) 一级电站为隧洞引水式电站,位于距新城 5 km 处的半坑亭。1951 年 3 月动工,一期工程于 1956 年竣工,建临时木框填石坝,长 176.5 m,高 6 m,拦断全部低水河床。地下厂房长 83 m,宽 12.5 m,高 29.5 m,可容 6 台机组,首期装机 2 台 1.2 万 kW。1956 年 3 月 1 日,投产发电供给福州市。二期工程 1957 年 1 月动工,1960 年 8 月竣工。在龟山建有长 412 m、高71 m 的混凝土宽缝重力坝,形成古田水库。二期装机增至 6 台机组,装机容量 6.2 万 kW。1960 年 8 月发电,供给福州、南平和三明等地。该级电站地下建筑还有引水隧洞,长 1 758 m,内径 4.4 m;调压井深 80 m,直径 11.9 m。

(2) 二级电站为隧洞引水式电站,坝址在龙亭,发电厂设在闽清县后洋。1958 年动工,1969 年大坝竣工,坝为溢流式钢筋混凝土平板坝,长 208.5 m,最大坝高 43.5 m。引水隧洞长 5 249 m,内径 6.4 m,引水式地面厂房长 51 m,宽 19.6 m,高 36.9 m,装机 2 台(13 万 kW),多年年均发电量 3.47 亿 kW · h,是梯级电站中装机容量最大的电站。

(3) 三级电站为坝后式电站,位于闽清县高洋。1958 年 9 月动工,1965—1973 年先后装机 2 台,容量 3.3 万 kW,多年年均发电量 1.14 亿 kW · h。

(4) 四级电站为坝后式电站,位于闽清县宝湖。1965 年动工,1971—1972 年先后装机 2 台,容量 3.4 万 kW,多年年均发电量 1.24 亿 kW · h。

20 世纪 50 年代初,国家百废待兴,中央在制定第一个五年计划时,将古田溪梯级水电站列为全国第"101"个重点建设工程。古田溪水电站开发建设前后历经 20 多年,是中国历史上建设工期最长的水电站。它不仅为我国建设梯级水电站积累了丰富经验,而且为国内和越南及非洲一些国家培养了大批水电建设和管理人才,故被誉为新中国水电人才的摇篮。

漫湾水电站全景

漫湾水电站

——我国第一座实行中央与地方合资建设的百万千瓦级水电站

漫湾水电站位于中国云南省西部云县和景东县交界处的漫湾河口下游 1 km 的澜沧江中游河段上，距临沧 140 km，至大理市 200 km，该水电站以发电为单一开发目标。漫湾拦河坝为混凝土重力坝，坝高 132 m，总库容 9.2 亿 m^3。电站于 1986 年 5 月 1 日正式开工，1987 年 12 月大江截流，1993 年 6 月第 1 台机组并网发电，1995 年 6 月 5 台机组全部投产运行，一期工程基本建成。第一期工程装机 125 万 kW，保证出力 38.42 万 kW，年发电量 63 亿 kW · h。上游建小湾水电站后，本电站第二期工程装机 25 万 kW，装机总容量达 150 万 kW，保证出力 79.6 万 kW，年发电量可达 78.8 亿 kW · h。

漫湾坝址控制流域面积 11.45 万 km^2，多年平均流量 1 230 m^3/s，正常蓄水位为 994 m，死水位为 982 m，非常洪水位 997.5 m，总库容 9.2 亿 m^3，调节库容 2.58 亿 m^3，为季调节水库。水库面积 23.9 km^2，1 000 年一遇设计洪峰流量为 18 500 m^3/s，5 000 年一遇校核洪峰流量为 22 300 m^3/s，可能最大洪峰流量 25 100 m^3/s。多年平均输沙量 4 000 万 t，实测最大含沙量 14.3 kg/m^3，平均含沙量 1 kg/m^3。

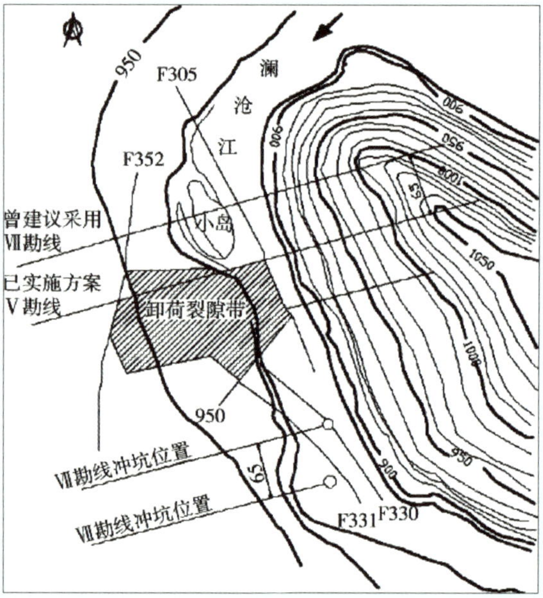

坝轴线位置图

漫湾水电站主要由拦河大坝、电站厂房、泄水建筑物等组成。拦河大坝坝顶高程 1 002.0 m，坝顶长 418.0 m，共分 19 个坝段，其中，1～7 号坝段为非溢流坝段；8、14 号坝段各布置 1 个内径为 6 m 的冲沙底孔；9～13 号坝段为溢流坝段，在 945.0 m 高程各布置 1 条内径为 7.5 m 的发电引水钢管，在 974.0 m 高程布置 5 个 13 m×20 m(宽×高)的溢流表孔；15 号坝段在925 m 高程处布置 2 个断面尺寸为 5 m×8 m(宽×高)的泄流底孔；16～19 号坝段为非溢流坝段。

厂房为坝后厂房顶溢流式，全封闭结构，主厂房总长度为 195.0 m，高 59.9 m，净宽 34.5 m，顶拱矢高 3.13 m，顶拱厚度 4.0 m，机组间距为 26 m。

安装 6 台单机容量为 25 万 kW 的机组，水轮机机型为立轴混流式，其中第一期工程装机 5 台，以 4 回 220 kV、3 回 500 kV 输电线路出线；二期工程再增装 1 台 25 万 kW 机组。机组最大水头为 100 m，设计水头为 88.12 m，额定水头为 89 m，最小水头为 69.3 m。220 kV 变电站和 500 kV 变电站分别重叠布置在左右安装间顶部，均为户内式。

漫湾电站的泄洪以坝顶 5 个表孔为主，辅以左岸泄洪隧洞和左岸泄洪双中孔，左、右岸排沙底孔（兼放空水库）。溢流坝顶的 5 个溢流表孔，每孔设 13 m×20 m（宽×高）弧形闸门，堰顶高程 974 m，采用 1 号、3 号、5 号表孔为高坎（35°）和 2 号、4 号为低坎（23°）的双层差动扩散挑流，坝下设水垫塘消能方式。泄洪洞位于左岸山体内的 1 号导流洞上部，与 1 号、2 号导流洞呈品字形布置。泄洪洞进口高程 965.5 m，由墙式进水室、有压隧洞、无压隧洞、出口反弧段及曲面贴角异型挑流鼻坎组成。进水室长 41.72 m、宽19 m，内设 12 m×13.5 m（宽×高）的平板检修门和 12 m×12 m（宽×高）的弧形工作门各一道。弧形工作门前为有压进水口，控制尺寸 12 m×12 m（宽×高），洞身为城门形无压隧洞，洞长 304.98 m，净断面尺寸宽 12 m、高15.5 m。出

漫湾水电站泄洪

口段长 67.28 m(包括明拱段、反弧段和曲面贴角挑流斜鼻段)。泄洪洞设计泄洪量为 2 310 m^3/s,最大泄洪量为 2 560 m^3/s。各泄洪建筑物全开时泄洪量为 16 805 m^3/s。

漫湾电站装机容量占整个云南电网系统容量的 1/3,极大地缓解了云南电力的紧张局面,对促进云南经济的腾飞和边疆繁荣稳定起到十分重要的作用,开启了兴滇富民时代,并促进"西电东送"和"云电外送"格局的形成。国家验收委员会对漫湾项目作出了高度评价:"漫湾水电站的建设工期短、投资省、质量好、经济效益好,创全国水电建设的六个第一,名列全国水电五朵金花前列。"

五强溪水电站全景之一

五强溪水电站

——湖南省装机容量最大的水电站

湖南省五强溪水电站总装机容量 120 万 kW(5×240 MW),是沅水流域水电梯级开发的骨干电站、华中电网骨干调峰调频电站。五强溪水电站位于沅陵县境内的沅水干流上,控制沅水流域面积的 93%,1952 年开始勘测,1956 年和 1980 年先后两次动工又停工,1986 年 4 月复工建设,1994 年 12 月第 1 台机组发电,1996 年底全部机组投产。总投资 89 亿元,引进了美国、日本、德国等 11 个国家的先进技术设备,是国家“七五”“八五”重点工程。

五强溪水电站以发电为主,兼有防洪、航运等综合效益。机组保证出力 255 MW,设计多年平均发电量 53.7 亿 kW · h,采用 2 回 500 kV 电压等级出线,一条送娄底民丰变,另一条送常德岗市变,形成湖南电网第一个

500 kV主环网。电站采用坝后式厂房，大坝为混凝土重力坝，最大坝高85.83 m，正常蓄水位108 m，总库容42.9亿 m^3，属季调节水库，在上游凤滩水库配合下可将尾闾堤垸防洪标准由5年一遇提高到20年一遇。通航建筑物为单线连续三级船闸，设计年货运量250万t，年过水量46万 m^3。

五强溪水电站全景之二

工程由混凝土重力坝、厂房、泄水建筑物和三级船闸组成。大坝坝顶高程117.5 m，坝顶总长724.4 m。溢流坝位于河床左侧主河槽，设有表孔9个，中孔1个，底孔5个。表孔堰顶高程87.8 m，每孔宽19 m、高23.3 m，设计泄量39 988 m^3/s，最大泄流量50 522 m^3/s。中孔底坎高程76 m，孔口宽9 m，高13 m，最大泄流量2 586 m^3/s。底孔布置在闸墩内，进口底部高程67 m，宽3.5 m，高7 m，最大泄流量3 015 m^3/s。

河床右侧为坝后式厂房，全长251 m、宽36.5 m、高68 m，内装5台单机容量24万kW的混流式水轮发电机组。水轮机转轮直径8.6 m，最大水头60.1 m，最小水头36.2 m，额定水头44.5 m，额定转速68.2 r/min，额定功率24.8万kW，最高效率0.95。发电机单机额定容量为266.67 MVA，额定功率因数0.9，额定电压15.75 kV，以500 kV电压接入华中电网。

沅水全长1 028 km，从黔东南峡谷奔涌而来，经湘西滚滚东去，扑向浩渺的洞庭湖。在湖南湘、资、沅、澧四大水系中，尤以沅水丰沛湍急，1 033 m

的落差中蕴藏着 700 多万 kW 的水能。中华人民共和国成立后，湖南虽然先后兴建了拓溪、凤滩、东江等水电站和一些火电厂，但总体而言数量少、规模小，远不能满足经济社会发展需要。在沅水干流修建一座大型水电站，成为几代湖南人的期盼。1986 年 4 月，国务院批准五强溪水电站复工建设，并将其列为国家“七五”计划重点工程。从 1952 年开始地质水文勘测到 1986 年复工建设，从 12 万大移民到 1996 年 5 台机组全部投产发电，是湖南省首座 120 万 kW 大型水电工程，创造了湖南水电建设的壮举，在湖南水电建设史上立起了一座丰碑。

五强溪水电站施工平面布置图

五强溪工程历时 10 年，当时创下了成功治理国内水电站最高边坡、采用国内最大表孔弧门和最大混流式不锈钢水轮机转轮、建成国内最大 3 级船闸等 10 个“全国之最”。五强溪水电站枢纽工程建成后，形成了 170 km^2 的湖面库区，是真正的高峡平湖。从湘西大山中奔腾而出的五条溪流在这里汇合，形成了一片浩渺烟波，大大小小的山头变成姿态各异的小岛，五溪湖变成了高山千岛湖。它与相邻的凌津滩库区明月湖、岩屋潭库区蒙湖、高滩库区明溪湖和凤滩库区猛洞湖一起，组成人工湖泊群，从高空俯视，可看到“铁坝飞桥，五湖如镜”的壮观景象。五强溪水电站投产，也开启了沅水流域水电梯级开发的序幕。1994 年 10 月，国家批准以五强溪水电站和凌津滩水电站为母体，组建湖南五凌水电开发有限公司，并授权其全面负责沅水流域梯级滚动开发。五强溪、凌津滩、洪江、碗米坡、三板溪、托口……多年来，一座座水电站在沅水干支流、上中下游崛起，首尾呼应，互补共济。沅水河道从头到尾渠化，急流险滩变高峡平湖，千吨级船舶可从黔西南直抵洞庭湖。千里沅水成了一条绿色的能源走廊、交通走廊、富民走廊！五强溪水电站建成 20 余年来，年平均发电量 53.7 亿 kW·h，源源不断地将清洁能源送往三湘四水；它作为全国防汛重点水库，为洞庭湖区乃至长江中下游地区减轻了洪水灾害。2019 年 3 月，五强溪水电站扩机工程开工。4 年后，该电站装机容量将达到 170 万 kW，年均发电量将增至近 60 亿 kW·h，沅水流域水电梯级开发之役将完美收官。

水口水电站开闸泄洪图

水口水电站
——“五朵金花”之首

水口水电站位于福建省闽清县境内的闽江干流上，上游距离南平市 94 km，下游距离闽清县城 14 km，距福州市约 84 km，距长门入海口约 112 km，距梅花入海口约 118 km。水口水电站以发电为主，总装机容量为 140 万 kW，设计多年平均发电量为 49.5 亿 kW·h，兼有航运、过木、防洪等综合利用效益，并承担电网调峰、调频和事故备用等任务。

作为世界银行贷款建设的项目，水口水电站于 1985 年被列为国家基本建设项目，并开始进行施工前期的准备工作。水口水电站主体工程于 1987 年 3 月 9 日正式开工。福建省电力局组建了水口工程建设公司管理水口水电站的建设工作，华东勘测设计院承担其工程设计工作。通过国际招标，水口水电站土建工程施工部分确定由华田联营公司承担，福建省电力局为责任方。

水口水电站属于一等工程，由大坝、厂房、过坝建筑物和溢洪道等组成。拦河坝为混凝土重力坝，最大坝高 100 m，坝顶长 783 m。水库正常蓄水位为 65 m，死水位为 55 m，有效库容为 7 亿 m^3；4 月至 7 月为主汛期，设计汛限水位为 61 m，相应的兴利库容仅有 3.2 亿 m^3，调节性能较差。左岸为坝后式水电站厂房，配备有 7 台单机容量 20 万 kW 的轴流式水力发电机组。右岸为过坝建筑物，溢洪道为河床式布置，有 12 个尺寸为 15 m×22 m 的表孔，2 个尺寸为 5 m×8 m 的底孔。船闸为 3 级建筑物，每级闸室长 160 m，宽 12 m，吃水深 3 m。升船机布置在船闸右边，船厢有效尺寸为长 124 m、宽 12 m、水深 2.5 m。水电站主要建筑物的防洪标准按 1 000 年一遇洪水标准设计、1 0000 年一遇洪水标准校核。

1987 年水口水电站开工建设

水口水电站控制流域面积约 52 438 km^2，占闽江全流域面积的 86%。流域内雨量丰沛，年均降水量达 1 758 mm，坝址多年平均流量为1 728 m^3/s，年径流总量 545 亿 m^3，实测最大流量为 30 200 m^3/s，最小流量为 196 m^3/s。

非可溶性岩浆岩、碎屑岩环绕在库区周围，永久渗漏问题和重大库岸失稳现象都不存在。坝址区为岩性坚硬完整的中生代燕山期黑云母花岗岩，平均湿抗压强度能达到 100 MPa。坝址区未发现大的构造断裂，仅仅在河床有几条规模较小、倾角较陡的小断层及挤压破碎带、风化破碎带。

水口水电站

改革开放给水口水电站提供了良好的环境，工程建设者得以瞄准世界先进科技水平并奋起直追，建设的科技进步起点也是位于前所未有的高度。设计采用当时先进的思路和方法，施工引进了当时先进的装置和技术。高校的专门水力实验室对河流流道变化进行了试验和论证，对当时世界最大的轴流式转轮进行了国际鉴定模型试验。施工现场机械化程度较高，施工劳力相对少，并屡创日浇混凝土量纪录。水口水电站工程大胆引进国外先进施工设备、技术和管理模式，使得电站建设速度快且质量高，并且结合中国国情，开发施工新技术、新材料。例如，将土工薄膜防渗墙、碾压混凝土、氧化镁微胀混凝土、滑模浇筑等新技术、新工艺投入电站建设中，使电站产生了巨大的经济社会效益。

水口水电站是国家“七五”重点建设项目，由国家投资，是福建省第一个利用世界银行贷款兴建的能源工程，其在全国百万千瓦水电站质量评比中名列前茅，达到国际水平，因此被誉为20世纪五座百万级水电站“五朵金花”之首（“五朵金花”指五强溪水电站、隔河岩水电站、岩滩水电站、水口水电站、漫湾水电站）。随着发电机组运行年限的增加，设备存在明显老化现象。为保证设备安全可靠运行，提高水能利用率，增加汛期发电量，从2019年起，福建水口发电集团公司结合水口水电站年度检修，以每年1台的进度，陆续对7台机组进行增容改造。根据计划，水口水电站将于2026年完成全部7台机组的增容改造，总装机容量将从140万kW增加到161万kW，比原容量增加15%。经初步计算，增容改造后，水电站水能利用率将由86.2%提升至89.4%，可有效减少电站大坝弃水，预计每年可增加发电量约2.4亿kW·h。这次增容改造将有效保障安全生产，使国有资产得以增值，同时增加了福建电网调峰、调频和事故备用容量，使水量利用率和项目经济内部收益率显著提高，对改善闽江流域生态环境质量和服务福建清洁能源发展具有重要意义。

李家峡水电站全景

李家峡水电站

——世界最大的双排机水电站

李家峡坐落于青海省尖扎县与化隆县交界处的黄河干流李家峡河谷中段，上距黄河源头 1 796 km，下距黄河入海口 3 668 km，是黄河上游水电梯级开发中的第三级大型水电站。该电站于 1988 年 4 月正式开工，分二期建设。电站主体工程为三心圆弧双曲拱坝，最大坝高 165 m，坝顶长414.39 m，底宽 45 m；大坝坝顶高程 2 185 m，水库正常水位高程 2 180 m，总容量为 16.5 亿 m^3。厂房为坝后式双排布置，安装五台呈梅花状分布的机组，单机容量为 40 万 kW · h，电站设计年平均发电量为 59 亿 kW · h。

李家峡水电站于 1988 年 4 月正式开工，1991 年 10 月 13 日截流成功，1995 年 12 月 12 日李家峡水电厂正式成立，1996 年 12 月水库蓄水，1999 年

12 月黄河上游水电开发有限责任公司成立，李家峡水电厂更名为李家峡发电分公司，2001 年第四季度竣工。

采用蒸发冷却技术的李家峡水电站 4 号水轮发电机定子绕组，被列为国家“九五”重点科技攻关项目。作为一种新型冷却技术，蒸发冷却可以将发电机定子绕组运行时的温度及温差和发电机定子热应力大大降低，将材料的利用率显著提高，从而提供更好的安全保障。

坝址区河谷断面形状呈 V 形，右岸坡脚大约为 50°，左岸坡脚大约为 45°，河槽宽约 50 m。水库周边的岩体为弱透水层及相对不透水层，水库正常蓄水位低于两岸地下水分水岭，并且地下水流向黄河，不存在低于水库正常蓄水位的邻谷及排水低地，因此不存在永久渗漏问题。坝址区基岩主要为前震旦系黑云母更长质条带状混合岩、黑云母角闪斜长片岩相间。因受地质构造运动的影响，坝基岩体中断层、裂隙、挤压带较为发育，大坝基础稳定分析、处理，左右两岸坝肩的稳定、变形及其处理等，在当时是工程设计和施工中的难题。电站对双曲拱坝坝肩岩体深层抗滑稳定、近坝大型库岸滑坡、下游消能区滑坡等问题都采取了有效的治理措施，为中国拱坝坝肩深层处理和大型滑坡综合治理积累了试验研究、施工和安全监测的经验。

作为黄河上游第一个采取招标方式建设的大型水电站，李家峡水电站的导流隧洞、基础开挖、围堰截流、电站枢纽工程都由有着修建刘家峡、龙羊峡这两座百万千瓦级水电站经验的中水第四工程局承建。“以安全生产为基础，以经济效益为中心”是李家峡水电站自投产发电以来始终坚持的原则，李家峡的水利人在管理机制和管理理念方面不断寻求创新，综合管理水平稳步发展、不断提高，对上级下达的生产任务毫不懈怠，连年超额完成。与此同时，通过开发黄河上游水电资源，黄河上游少数民族地区得到了很快的发展，人民的生活水平得到提高。李家峡水电站的建成运行，有力地支援了国家西部大开发战略，为社会经济发展作出了巨大的贡献。

构皮滩水电站全景

构皮滩水电站

——贵州"西电东送"标志性工程

构皮滩水电站坐落于贵州省余庆县，是乌江水电梯级开发的第五级，上距乌江渡水电站 137 km，下距河口涪陵 455 km。控制流域面积为 43 250 km^2，是乌江流域的 49%，正常蓄水位 630 m，水库总库容 64.54 亿 m^3，调节库容 29.02 亿 m^3。坝址多年平均流量 717 m^3/s，多年平均径流量 226 亿 m^3。构皮滩电站以发电为主，同时兼顾航运、防洪等其他任务。构皮滩水电站配备有 5 台发电机组，总装机容量为 300 万 kW，单机容量为 60 万 kW。电站主要任务是发电，兼顾航运、防洪及其他综合利用。

2003 年 11 月 8 日构皮滩水电站正式开工，2004 年 11 月 16 日实现大江截流，2009 年 7 月 31 日首台机组投产发电，2009 年 12 月 29 日实现国产大型机组一年五投的伟大壮举。电站枢纽由拱坝、厂房、坝身表中泄洪孔及左岸泄洪洞等组成。大坝为混凝土双曲拱坝，高 225 m，坝顶弧长 553 m，弧高比 2.38，拱冠底厚 50.28 m，厂房为地下式厂房。左岸有 2 条导流洞、右岸有 1 条导流洞，组成工程导流系统。

构皮滩水电站地处峡谷地区、岩溶系统，是高度达 200 m 以上的薄拱坝，它有着大流量泄洪消能设计、大型地下厂房洞室群、穿过软岩的大口径导流隧洞以及高 70 多 m 的 RCC 围堰，这些设计都极具挑战性。坝基和坝肩分布有与岩层走向基本平行的层间错动、溶蚀带，以及一些喀斯特溶洞，坝肩岩体压缩变形条件差。为了减少这些缺陷的影响，采取以下处理措施：在拱坝持力范围内将对拱坝应力、变形及渗控要求有较大影响的岩溶洞穴进行回填混凝土处理；对层间错动带采用平洞与斜井交叉设置的格构状置换处理方案，从而使坝体应力基本呈对称分布，拱端应力趋于均匀，并改善塑性区，提高拱坝超载能力，工程安全度得到显著提高。

构皮滩水电站上、下游最大水头差为 150 m，大坝泄洪量和泄洪功率在国内外均处于领先水平，其设计、校核泄洪量分别达 24 016 m^3/s 和 28 807 m^3/s，泄洪功率分别达 34 940 MW 和 41 690 MW。其河谷狭窄，消能区尾部及下游两岸与河床为黏土岩等软岩，地形地质条件复杂，泄洪与消能的防冲设计难度大大提高。通过对泄洪布置、消能效果及工程量等多方面综合比较，采用 6 个表孔和 7 个中孔泄洪，坝下设置水垫塘消能。泄洪表孔堰顶高程 617 m，孔口尺寸 12 m×15 m，装设弧形闸门。泄洪中孔进、出口均为有压流形式，为了分散入塘水流落点，出口分为上挑压板型和平底型两种。

作为国家“十五”计划重点工程，构皮滩水电站是贵州省、中国华电集团公司已建成的最大水电站，在贵州具有“西电东送”战略标志的意义。

吉林台一级水电站上游

吉林台一级水电站

——喀什河流域规划中的第 10 个梯级电站

吉林台一级水电站位于新疆维吾尔自治区尼勒克县胡吉尔台乡境内的喀什河上，距尼勒克县城 32 km，距伊宁市 142 km。工程以发电为主，兼有灌溉和防洪效益，电站总装机容量 500 MW，属大(Ⅰ)型一等工程。坝址以上控制流域面积 6 163 km^2，水库总库容 25.3 亿 m^3，调节库容 17.0 亿 m^3，为不完全年调节水库。安装 4 台 11.5 万 kW 混流式水轮发电机组，水电站总装机 46 万 kW，多年平均发电量 9.38 亿 kW·h，工程总投资为 22.86 亿元。

2001 年 5 月 1 日导流洞工程开工，2002 年 9 月 15 日电站截流，2004 年 10 月下闸蓄水，2005 年 7 月首台机组并网发电，2006 年 4 月全部机组并网发电，2006 年 10 月工程竣工。

水库正常蓄水位 1 420.0 m，死水位 1 380.0 m，汛期限制水位1 419.5 m，设计洪水位 1 420.05 m，校核洪水位 1 422.19 m。枢纽建筑物由混凝土面板砂砾石坝、表孔泄洪洞、深孔泄洪洞、发电引水隧洞、压力管道和发电厂房等组成。坝顶高程 1 425.8 m，最大坝高 157.0 m，坝顶长445.0 m。上游坝坡 1∶1.7，下游马道之间坝坡1∶1.5，平均坝坡 1∶1.96。面板面积 75 250 m^2，最大斜长 256.7 m。坝体材料为：坝轴线上游部分为河床砂砾石，下游部分为爆破开挖料。大坝土石方开挖总量为 196.8 万 m^3，总填筑方量为 944.5 万 m^3，混凝土 7.14 万 m^3。

表孔泄洪洞布置于左岸山体内，断面为 7.0 m×8.5 m 的城门洞形，隧洞长 773 m，进水口堰顶高程 1 411 m，最大泄量 581.5 m^3/s，采用挑流消能。深孔泄洪洞位于表孔泄洪洞右侧，断面为 6.5 m×7.5 m 的城门洞形，隧洞长 803.34 m，进口底板高程 1 340 m，最大泄量 670.5 m^3/s，采用挑流消能。发电引水洞采用两机一洞，共 2 条，单洞过水能力为 250 m^3/s，单机引用流量 124.83 m^3/s。进口采用岸塔式进水口，分设拦污栅、平板检修闸门和事故闸门各 1 道。孔口尺寸 8.0 m×9.0 m，进口底板高程1 350 m，闸顶平台高程 1 427 m，洞径 9 m，洞长分别为 670.485 m 和 660.995 m，两洞中心线间距 32 m，洞挖方量为 11.38 万 m^3。

吉林台一级水电站坝址区是石炭系的中酸性火山碎屑岩，主要是英安质晶屑凝灰岩、凝灰角砾岩及安山岩等，岩体强风化层厚度 3～5 m，沿断层深达 10～20 m。坝址区河谷呈 V 形，两岸地形坡度约 45°，正常蓄水位处谷宽 340 m，两岸山顶相对高差 327～362 m，基岩以凝灰岩为主。坝址区发育的大小断层 700 多条，陡倾角裂隙发育，岩性较破碎，其中规模最大的 F32 断层与河流呈 20°夹角，由下坝线向上游延伸至河床右侧，通过河床趾板。

吉林台一级水电站位于高震、高寒、施工气候条件差的地区。该工程不仅实现了在狭窄河谷的高强度填筑，还保证了坝体填筑和趾板面板的防裂、抗冻融质量，并通过严谨、科学的施工管理和可靠的技术措施，解决了一系列具有挑战性的课题，实现了工程提前截流，为在新疆西部边陲建造此类高坝积累了较为丰富的经验。

索风营水电站全景

索风营水电站

——贵州省“西电东送”首批开工项目

索风营水电站位于贵州省中部黔西县、修文县交界的乌江中游六广河段，上游 35.5 km 接东风水电站，下游距乌江渡水电站 74.9 km，距贵阳市直线距离 54 km，贵毕高等级公路从坝址下游 3.5 km 处通过，地处黔中腹地、贵州电力负荷的中心区域，为乌江干流规划梯级电站的第二级。索风营水电站是贵州省“西电东送”首批开工项目之一，对提高乌江流域水能利用率、缓解贵州电力紧张局面起到积极作用。

枢纽工程由碾压混凝土重力坝、坝身开敞式溢流表孔、右岸引水发电系统及地下厂房等建筑物组成，坝址以上控制流域面积 2 186 km^2，最大坝高 115.80 m。水库正常蓄水位 837 m，死水位 822 m，装机容量 600 MW，保证出力 166.9 MW，多年平均发电量 20.11 亿 kW·h。水库总库容 2.012 亿 m^3，调节库容 0.674 亿 m^3，为日调节水库。工程以发电为主，兼有养殖、旅游等效益。该电站属大(Ⅱ)型二等工程，其主要建筑物大坝、泄洪系统、引水发电系统等为 2 级建筑物，均按 100 年一遇洪水设计，大坝和泄洪系统按 1 000 年一遇洪水校核。

索风营水电站蓄水后形成的高原平湖

索风营水电站于 2001 年 9 月通过可行性研究报告审查，2001 年 1 月开始筹建，主要施工准备工作于 2001 年 10 月展开，2002 年 7 月 26 日正式开工，同年 12 月 18 日截流。2002 年 8 月和 9 月分别开始大坝左右坝肩和地下主厂房顶拱开挖，2003 年 11 月大坝基础开挖完成，坝基混凝土开始浇筑。2003 年 12 月 28 日地下主厂房围岩开挖完成，厂房基础混凝土开始浇筑。第 1 台机组于 2005 年 8 月发电，第 2 台机组于同年 12 月发电，最后一台机组于 2006 年 6 月初投入运行。

乌江索风营水电站左右岸均存在由干流河湾或支流构成的河间地块，地块间可溶岩广布，且总体走向平行河谷，倾角平缓，地表岩溶发育，区域性断裂纵横交错，隔水层多被切断，形成了可溶岩由水库内向库外下游贯穿分布的不利地质结构。水库由乌江干流及猫跳河支流 2 个库段构成，正常蓄水位 837 m 时，干流库段回水长 35.5 km，猫跳河库段回水长 16 km，河谷狭窄，属典型的峡谷型水库。

由于该工程水库淹没耕地和山地约 104 km^2，施工征地和建设单位用地约 191 km^2，工程移民在乌江流域梯级中属最少，在全国水电工程中也非常罕见。工程于 2001 年进入施工筹建期，2005 年底实现发电目标，作为一个大(Ⅱ)型水电站，它的发电工期 4 年、总工期 5 年，其建设工期之短在水电建

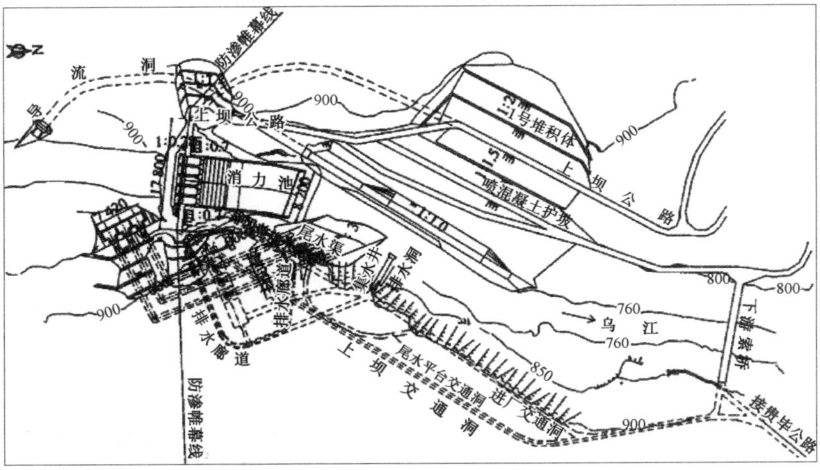

索风营水电站枢纽布置

设史上也极为罕见，甚至可以与同规模的火力发电工程建设工期相媲美。由于工程淹没少、移民少，枢纽布置合理，工程建设期短，工程投资很低，使其成为经济效益极高的水利工程。

乌江梯级电站建设通过优化设计，尽量避免大规模明挖对地表环境的破坏。索风营水电站厂房设计之初布置于左岸地面，施工中调整为右岸地下厂房，减少明挖近 60 万 m^3，使近 300 m 高边坡上的植被得以保护。构皮滩水电站减少开挖土石方 206.24 万 m^3，减少受影响植被面积 7.2 万 m^2，减少料场开挖 30 万 m^3。水电站减少明挖方量超过 200 万 m^3。电站通过清理危岩、喷混凝土护坡、栽植藤蔓植物等措施对厂区公路及边坡进行绿化，对平缓边坡实施“乔＋灌＋草”的立体绿化，并利用植物的季节、色彩特征组成新的生态景观。而对于工程建设后的渣、料场，则采取除渣、平整、撒播草籽、铺膜、养护、补种等方式，种植适合的土著品种，有效进行植被恢复。

2006 年 6 月 6 日，3 号机组顺利投产发电，水电站全部建成投产，标志着贵州第一批国家“西电东送”工程全部完成。索风营水电站的建设攻克了一大批工程技术难题，荣获了多个奖项，比如“乌江索风营水电站水库岩溶渗漏专题报告”2005 年获贵州省优秀工程咨询成果一等奖，“贵州乌江索风营水电站工程设计”2008 年获贵州省第十五次优秀工程设计一等奖，“贵州乌江索风营水电站工程地质勘察”2008 年获贵州省第十二次优秀工

建设中的索风营水电站

程勘察一等奖。此外，索风营水电站荣获了第十届中国土木工程詹天佑奖，及水利部授予的“2011 年全国生产建设项目水土保持示范工程”称号。

瀑布沟水电站全景

瀑布沟水电站
——深厚覆盖层上建成的世界最高砾石土心墙堆石坝

瀑布沟水电站位于四川省雅安市汉源县和甘洛县交界处的大渡河干流上，是国家“十五”重点工程和西部大开发标志性工程，也是四川省灾后重建中和21世纪以来投产的单机和总装机容量最大的水电站，同时也是大渡河下游的控制性水库，以发电为主，兼有防洪、拦沙等综合效益的特大型水利水电枢纽工程。瀑布沟大坝是目前全世界在深厚覆盖层上建成的最高砾石土心墙堆石坝，最大坝高186 m。

工程于2004年3月开工建设，2009年底首批两台机组发电，2010年4月7日第3台机组发电，6月29日第4台机组发电，12月23日第5台机组投产，12 月 26 日第 6 台机组投产，至此，瀑布沟水电站 360 万 kW 机组于 2010 年底前全部投产的目标完成。

瀑布沟水电站库区

瀑布沟水电站坝址河谷狭窄，谷坡陡峻，地质条件复杂，必须经过处理才能满足建坝要求。坝体基础为深厚覆盖层，采用两道各厚 1.2 m 混凝土垂直防渗墙，上游墙采用插入式，下游墙采用廊道式与心墙连接，下游墙位于坝轴线，两墙中心线相距 14 m，670 m 高程以下防渗墙最大深度约 80 m。河床覆盖层根据沉积时代、物质组成及结构特征由老至新分为四层：漂卵石层、卵砾石层、含漂卵石层夹砂层透镜体、漂(块)卵石层。大坝基岩以断层 F2 分界，左岸为花岗岩，右岸为玄武岩。

瀑布沟大坝工程针对宽级配砾石土作防渗体这一世界难题，依靠国家科技攻关，提出剔除大颗粒调整级配、用 25 t 级重型凸块碾加大土料压实度和加强渗流出口反滤控制等配套技术，首次成功将黏粒含量小于 5%的宽级配砾石土用作大坝心墙防渗料，提出了一种新型防渗材料。针对深厚覆盖层上难以建高心墙堆石坝的难题，提出用两道大间距高强低弹的刚性混凝土防渗墙作为坝基深厚覆盖层的防渗结构。面对泄洪雾化对成昆铁路的影响，提出溢洪道鹰嘴式挑流鼻坎，并攻克诸多技术难题。该工程质量高、进度快、投资省，实现了“安全、环保、节能”的工程目标，获得了极高的社会评价与社会经济效益。

瀑布沟水电站被视为世界深厚覆盖层上建高心墙堆石坝的经典之作，在大坝心墙防渗料、分散泄洪方式、电站联动蓄水下闸等方面攻克了诸多世界难题。

金安桥水电站全景

金安桥水电站

——我国民营企业投资建设的最大水电站

金安桥水电站是国务院批准的《金沙江中游河段水电规划报告》中规划的“一库八级”的第五级，属于国家特大型水电站，上游龙头水库建成后年发电量约 130 亿 kW·h，接入南方 500 kV 电网，是国家“西电东送”和“云电送粤”的骨干电源之一。工程由汉能控股有限公司、云南金沙江中游水电开发有限公司和云南省开发投资有限公司共同出资建设，静态总投资 125.01 亿元，动态投资 146.79 亿元。

金安桥水电站位于云南省丽江市境内的金沙江中游河段，是金沙江中游“一库八级”规划的第五级电站。枢纽工程为大（Ⅰ）型一等工程，枢纽由挡水建筑物、泄洪建筑物、引水发电建筑物等组成。挡水建筑物为碾压混凝土重力坝，坝顶高程为 1 424 m，最大坝高 160 m，坝顶全长640 m，从左岸至右岸依次为左岸非溢流坝段、左岸冲沙底孔坝段、厂房坝段、右岸冲沙底孔坝段、溢流表孔坝段、右岸非溢流坝段等。工程开发任务以发电为主，水库正常蓄水位为 1 418 m，相应库容为 8.47 亿 m^3，装机容量 2 400 MW，多年平均发电量 110.43 亿 kW·h。

2002 年 4 月国家发展计划委员会批准金安桥水电站开发项目，2003 年 8 月项目进场筹建，2003 年 2 月 20 日通过了预可研报告。金安桥水电项目在 2006 年 1 月 9 日实现了大江截流，并于 2011 年 3 月 27 日正式发电。

金安桥水电站坝址河流流向自北向南，河道顺直，河谷为纵向单斜谷，呈 V 形，两岸地形基本对称，山体雄厚，地形陡峻。坝址区岩层呈单斜构造，以坚硬的玄武岩为主。河床部位基岩主要为裂面绿泥化岩体，节理面充填绿泥石膜，风化后形成铁锈膜，裂面绿泥化岩体呈碎裂状和块裂状。坝址区地下水以基岩裂隙潜水为主，岩体的透水性不均一，总的趋势是自地表至深部逐渐减弱。

该项目被全国工商联誉为民营企业进入国家大型基础设施建设领域的标志性工程，是我国目前为止由民营企业控股建设运营的装机规模最大的、也是唯一的百万千瓦级水电站，作为民营企业承建国家级大型项目的典范，其规模在此之前是前所未有的。因其地处深山峡谷，淹没耕地和移民数量少，金安桥水电站是当时金沙江上建设综合成本指标最低的一个电站，也是金沙江干流上第一座并网发电的特大型水电站。

金安桥水电站泄洪

岗南水电站全景

岗南水电站
——中国第一座混合式抽水蓄能电站

岗南水电站位于滹沱河中游平山县境内岗南村西，是治理滹沱河、调节洪水、开发利用水利资源的大型水利工程。工程以防洪、灌溉为主，兼顾发电、供水和水产养殖等。坝址控制流域面积 15 900 km²，占滹沱河山区面积的 2/3。水库总库容 15.71 亿 m³。

1958 年 3 月 10 日水库主体工程动工兴建，1959 年 7 月 15 日主、副坝坝顶填筑到 197 m 高程，并且首次发挥了拦洪蓄水效益。1962 年，根据国家调整方针，工程停建转入维护，两台 15 MW 机组开始运转发电。1966 年 10 月，水库续建工程开工。续建工程项目有：主、副坝加高；正常溢洪道改建；非常溢洪道剩余混凝土浇筑和交通桥续建；新建泄洪洞，洞径 5.4～6 m；安装1台蓄能发电机组。1969年底,续建工程基本按设计竣工。

工程主要建筑物包括:主坝、副坝、输水洞、泄洪洞、正常溢洪道、非常溢洪道、调节池和新增溢洪道等。

(1) 主坝。坝型为黏土斜墙坝,坝顶高程209 m,最大坝高63 m,坝长1 701 m。

(2) 17座副坝。左岸12座,右岸5座,总长4 757 m,均为均质土坝。

(3) 输水洞。系泄洪发电合用隧洞,洞径6 m。发电洞长389 m,末端分3个岔管,安装3台发电机组,总容量41 MW。泄洪支洞长155.8 m,出口设消力池,输水洞进口安装5 m×6 m平板钢闸门,出口安装4.5 m×4.5 m弧形闸门。泄洪支洞在闸门开度3.5 m时最大过水流量为388 m^3/s。

(4) 泄洪洞。长698.4 m,其中前段155.4 m的洞径为5.4 m,后段有压洞段直径6 m,无压洞断面为6 m×6.5 m门形。尾洞与无压洞间由泄洪明渠连接,出口未做消能工程。进口安装4.5 m×6 m平板钢闸门,出口安装4.5 m×4.5 m弧形闸门,最大泄洪流量468 m^3/s。出口闸门前留一支洞给引岗渠输水。

(5) 正常溢洪道。正常溢洪道为河岸开敞式,有闸门控制,4孔,每孔净宽12 m,设12 m×12.3 m弧形闸门4扇,最大泄洪量5 640 m^3/s。

(6) 非常溢洪道。非常溢洪道为河岸开敞式,净宽41.6 m,未安装闸门。堰顶高程194 m,堰前筑黏土斜墙式土坝一座,坝顶高程205 m。遇超100年一遇洪水炸坝泄洪,最大泄洪量3 520 m^3/s。

(7) 调节池。用于水电站蓄能发电和调节温塘河来水,向大川渠、北跃渠、水轮泵站和八一两站供水。

(8) 新增溢洪道。占用左岸一号副位置,1978年汛后建成为河岸开敞式,8孔,每孔净宽9 m,安装9 m×15.5 m弧形闸门控制,堰顶高程191 m。1986年9月,挑坎以上工程及配套的管理房屋、备用电源竣工。二期工程于1989年6月完工,这项工程按1 000年一遇洪水设计,10 000年一遇洪水校核。

建设中的丰宁抽水蓄能电站

丰宁抽水蓄能电站
——世界上装机容量最大的抽水蓄能电站

丰宁抽水蓄能电站位于河北省承德市丰宁满族自治区境内，南距北京市 180 km，东南距承德市 170 km。电站供电京津及冀北电网。电站建成后，将和十三陵等先期建设的抽水蓄能电站及其他调峰电源，共同解决京津及冀北电网调峰能力不足等问题。同时，根据电网需求，电站还可承担系统调频、调相、负荷备用和紧急事故备用等任务，维护电网安全、稳定运行。

丰宁抽水蓄能电站总装机容量 3 600 MW，电站分两期开发，一、二期工程装机容量均为 1 800 MW。枢纽建筑物主要由上水库，下水库，一、二期工程输水系统和地下厂房及开关站组成。

抽水蓄能电站项目于 1995 年提出，历经了 17 年不懈的努力，2012 年 8

月 21 日，国家发改委正式下文核准，2013 年 5 月，项目一期工程正式破土开工建设，2015 年 9 月 23 日，河北丰宁(二期)抽水蓄能电站工程开工动员大会在京召开。

河北丰宁抽水蓄能电站下水库坝址以上流域径流以雨水和冰雪融水补给为主，每年出现两个丰水期。第一个丰水期为 4 月，来水以冰雪融水为主。第二个丰水期为 6—10 月，主要来源为降雨。由于坝址以上流域大部分属坝上草原区，地势平坦，对径流的调蓄作用较大，使得径流的年际变化不大。根据还原后的丰宁坝址天然径流系列，多年平均流量为 7.60 m^3/s，多年最大流量为 59.3 m^3/s(1959 年 8 月)，多年最小流量为 0.341 m^3/s(2007 年 1 月)。最大年平均流量为 18.6 m^3/s(1959—1960 年)，最小年平均流量为 4.68 m^3/s(1989—1990 年)，最大年平均流量约为最小年平均流量的 4 倍。径流年内分配以 4 月来水最丰，占全年的 16.3%，7 月、8 月次之，主汛期 8 月来水占全年的 15.0%，汛期 6-10 月来水占全年的 58.0%，11 月至次年 5 月来水占全年的 42.0%。

电站通过 2 回 500 kV 线路接入京津冀北电网，可为系统提供大容量的储能服务，促进河北北部的风能、太阳能等可再生能源的大规模发展，对满足电网调峰需求，提高供电质量和电网运行的经济性，促进资源有效利用具有重要作用。同时，该电站还能有效改善电网电源结构，增强系统调峰能力，促进河北千万千瓦级风电基地开发和电力消纳。丰宁抽水蓄能电站的开建，助推了绿色发展，也造福了人民，将拉动地方 GDP 300 亿～400 亿元。

我国抽水蓄能电站建设一直走在世界前列，目前世界在建装机容量最大的抽水蓄能电站为河北丰宁抽水蓄能电站，装机容量 360 万 kW，对比三峡电站 2 240 万 kW，大约相当于 1/6 个三峡电站。该电站计划 2022 年首台机组投产发电。作为国家重点项目，丰宁抽水蓄能电站也有世界最大的“超级充电宝”之称，每年可消纳过剩电能 88 亿 kW · h，年发电量可达 66.12 亿 kW · h，每年可节约标准煤 48.08 万 t，减少碳排放 120 万 t，相当于造林 24 万多亩。

宜兴抽水蓄能电站上水库全景

宜兴抽水蓄能电站

——江苏省第一座百万装机规模的日调节纯抽水蓄能电站

江苏宜兴抽水蓄能电站是江苏省“十五”期间建设的重要能源项目之一，也是江苏省第一座百万装机规模的日调节纯抽水蓄能电站。该电站位于江苏省宜兴市西南郊风景秀丽的铜官山区，与宜兴市区相距约 10 km。电站装机容量 100 万 kW，在电网中主要担负调峰、填谷、调频、调相和旋转备用等任务。

电站由上水库、下水库、地下厂房、输水系统和地面 500 kV 开关站等建筑物组成。上水库建于铜官山山顶，总库容 530.7 万 m^3，有效库容 507.3 万 m^3，正常蓄水位 471 m，死水位 428.6 m，采用钢筋混凝土面板全库盆防渗；主坝采用混凝土面板堆石坝，坝顶高程 474.2 m，坝顶长 495 m，最大坝高 75 m；副坝采用碾压混凝土重力坝，最大坝高 34.9 m，坝顶长 220 m，坝顶高程 474.2 m。下水库位于铜官山东北山麓，总库容 572.8 万 m^3，有效库容 522.3 万 m^3；挡水建筑物为黏土心墙堆石坝，坝顶高程 83.4 m，坝顶长 483 m，最大坝高 50.4 m；正常蓄水位 78.90 m，死水位 57.00 m。地下厂房洞室群位于输水系统中部，埋深约 320 m，主厂房的开挖尺寸为 155.3 m×22.0 m×52.4 m(长×宽×高)。输水系统设置于上下水库之间的山体内，共设两条单长 2 800 m 的引水隧洞，采用 2 洞 4 机布置；尾水系统采用 2 机合 1 洞的布置形式。地面开关站布置于地下厂房洞室正上方地形相对平缓的山坡上。

该电站安装 4 台单机容量为 25 万 kW 的单级可塑混流式水泵水轮机-发电电动机，当电网处于用电低谷时，能以 100 万 kW 抽水容量将下水库的水抽到上水库去，年抽水耗电量约 19.6 亿 kW；当电网处于用电高峰期时，仅需三四分钟便可以从上水库引水发电，年发电量 14.9 亿 kW·h。电站以 2 回 500 kV 输电线路接入 500 kV 宜兴变电站，直接进入华东、江苏主网架，供电江苏电网。电站优化了电网电源结构，增强了调峰、填谷能力，保障了电网稳定、安全及经济运行，有力地促进了经济的持续稳定快速发展。

宜兴抽水蓄能电站主体工程于 2003 年 8 月开工，4 台机组全部于 2008 年相继投入运行，刷新了 1 年 4 台机组全部投产的抽水蓄能建设纪录，较国家批准的建设工期提前 13 个月。电站黏土心墙堆石坝设计和施工质量均可达国际先进水平，自主研制并成功整体冲压多种型式的铜止水接头模具在国内尚属首次。此外，混凝土面板堆石坝坝体填筑、岩壁吊车梁混凝土施工、混凝土面板堆石坝面板施工、碾压混凝土仓面施工、碾压混凝土筑坝中变态混凝土施工、岩壁吊车梁岩台(双向控爆法)开挖施工 6 项工法获评国家级工法。该电站建成后已成为苏南负荷中心的一个支承电源，可替代煤电机组承担电网的旋转备用和紧急事故备用任务，节省煤电机组的空载煤耗。

溧阳抽水蓄能电站上水库全景

溧阳抽水蓄能电站

——江苏省规模最大的抽水蓄能电站

溧阳抽水蓄能电站位于江苏省溧阳市，为大（Ⅰ）型一等工程，是目前江苏省装机规模最大的抽水蓄能电站。电站主要任务是为江苏省电力系统提供调峰、填谷和紧急事故备用，同时可承担系统的调频、调相等任务。溧阳抽水蓄能电站从 2002 年开始勘探，2008 年 12 月开工，历经 9 年建设，于 2017 年 10 月建成投产。2020 年 6 月，水利水电规划设计总院验收委员会同意通过工程竣工验收。

溧阳抽水蓄能电站总投资 89.2 亿元，电站枢纽建筑物由上水库、下水库、输水系统及发电厂房系统四部分组成。面对地质条件复杂、施工难度大、建设周期长等重重困难和挑战，全体参建人员发扬“团结协作、勇创一流”精神，抓安全、保质量、抢进度，确保了工程有序推进。

上水库位于龙潭林场伍员山工区，其地形整体趋势西高东低，西侧与安徽省郎溪县交界。水库正常蓄水位 291 m，死水位 254 m，总库容 1 423 万 m^3，调节库容 1 195 万 m^3。上水库主、副坝均为钢筋混凝土面板堆石坝，坝顶高程295 m，主坝最大坝高 165 m，坝顶全长 1 113.198 m。

溧阳抽水蓄能电站上水库

下水库位于天目湖镇吴村，与沙河水库南源支流中田舍河为邻，在河流堆积阶地、宽缓浅冲沟和残丘处开挖，并在临沙河水库侧筑坝而成，其中开挖料主要用于上水库筑坝。下水库为 L 形，正常蓄水位 19.00 m，死水位 0.00 m，总库容 1.344 万 m^3。下水库挡水建筑物为均质土坝，最大坝高 12.60 m，补水泄水闸位于大坝右坝头库岸段，孔口宽度 4.00 m，设置两扇平板闸门控制。下水库总共开挖 1 800 万 m^3 的石料，大概相当于 90 万辆载重 50 t的卡车的体量。

输水系统布置在上水库主坝左坝头下游，引水和尾水均采用一洞三机联合供水方式，上下水库进出口分别采用竖井式和岸塔式，两条引水隧洞主洞径 9.20 m，全段采用钢板衬砌；两条尾水隧洞主洞径 10.00 m，采用钢筋混凝土衬砌；尾水调压室为圆形阻抗式调压室，调压室直径 22.00 m。

地下厂房采用首部式开发方式，主厂房垂直埋深 240～290 m，地下洞室群主要由主厂房、主变洞、母线洞、高压电缆机电缆竖井等组成。主厂房开挖尺寸为 291.90 m×23.50 m×55.30 m(长×宽×高)，主变洞开挖尺寸为 193.16 m×19.70 m×22.00 m(长×宽×高)。开关站位于主厂房下游地势相对平缓地段，地面高程 88.90 m，平面尺寸 123.00 m×82.00 m(长×宽)。电站装有 6 台可逆式水泵水轮发电机组，单机容量 250 MW，设计年发电量 20.07 亿 kW·h，年抽水电量 26.76 亿 kW·h。电站额定水头 255 m，洞长水头比为 7.9。

溧阳抽水蓄能电站下水库

溧阳抽水蓄能电站的建设中有多处亮点值得称赞。其 6 台单机容量 250 MW 水轮发电机组，总容量 1 500 MW，装机容量在江苏省排名第一。6 台机组于同一年投入运行，创造了“一年连续投产 6 台机组”的纪录。该电站采用的可逆式水泵水轮机为国产化机组，机组设备由国内主机制造商独立成套设计、制造和供货，这使得溧阳抽水蓄能电站成为江苏省首座采用国产化机组的电站。机组设计制造难度高，电站运行水头变幅最大达到 1.29，是我国已投产水头变幅最大的抽水蓄能机组。上水库采用的竖井式进出水口，从建筑体量和施工难度来看，堪称亚洲第一、世界罕见。与电网内建设的燃煤或燃气轮机等各类电源相比，溧阳电站是江苏电网理想的调峰电源，

上水库竖井式进出水口

相当于给江苏电网建了一个“大号蓄电池”。它不仅可以优化电源结构，提高电网的供电质量和可靠性，还可以节省系统电源建设资金和运行费用，对于减少电网煤耗，促进节能减排和绿色发展具有积极推动作用。作为江苏省最大的抽水蓄能电站，自运行以来，每年减排二氧化碳约 40 万 t，对生态的保护作用彰显无遗。

羊卓雍湖抽水蓄能电站

羊卓雍湖抽水蓄能电站

——世界上海拔最高的抽水蓄能电站

羊卓雍湖抽水蓄能电站位于西藏自治区贡嘎县境内，距拉萨市 80 km。电站为混合式抽水蓄能电站，主要供电拉萨、山南、日喀则等地，并且担负拉萨电网调峰、调频和事故备用任务。电站厂区地面海拔约 3 600 m，是世界上海拔最高的抽水蓄能电站，也是中国水头最高的抽水蓄能电站。电站利用羊卓雍湖与雅鲁藏布江之间 840 余米的天然落差，取羊卓雍湖的湖水，通过引水隧洞和压力钢管，引水至雅鲁藏布江边的发电厂。

羊卓雍湖抽水蓄能电站是国家“八五”计划重点项目，于 1989 年 9 月开工，1997 年 6 月 1 日第 1 台机组并网发电，同年 12 月竣工。

电站主要建筑物有：羊卓雍湖边进水口、引水隧洞、调压井、压力管道、地面式厂房和 110 kV 开关站及雅鲁藏布江边取水口、沉沙池、与多级蓄能泵相连接的抽水钢管。枢纽发电时，直接从羊卓雍湖取水，经隧洞、调压井、压力钢管至厂房尾水泄入雅鲁藏布江；抽水运行时，由江边低扬程泵房抽水入沉沙池，再进入主厂房多级蓄能泵，经引水系统流入羊卓雍湖。

上水库为西藏第一大圣湖——羊卓雍湖，库容 150 亿 m^3，来水量充沛，年内水位变幅仅 1.23 m，可保证湖内水位及湖区原有的生态环境。下水库实际上是雅鲁藏布江。电站在运行过程中，总体上不动用羊卓雍湖的水，还可用丰水期多余电量将雅鲁藏布江边的下池水抽到羊卓雍湖，在枯水期发电。电站总装机容量112.5 MW，多年平均年发电量 9 180 万 kW · h，年发电利用小时数 1 000 h。

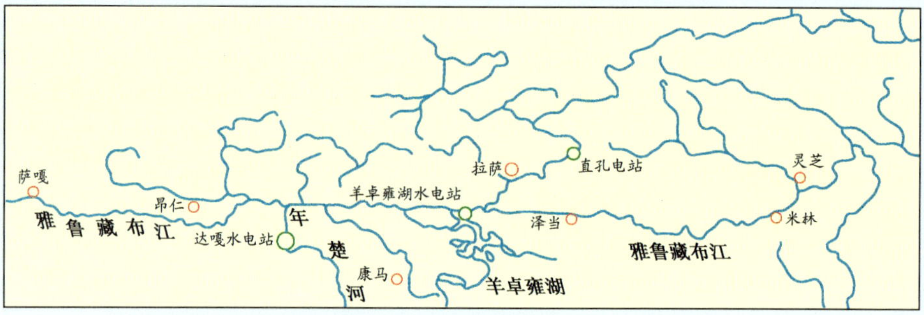

羊卓雍湖抽水蓄能电站平面布置图

引水隧洞为圆形有压隧洞，全线采用钢筋混凝土衬砌。压力钢管采用 1 根主管供水，前段为埋藏管，长 754.4 m；后段为明管段，长 2 290.4 m。明管中高压段均采用日本进口抗拉强度 610 MPa 的高强钢板制造。主厂房长 69.8 m，安装 4 台由奥地利依林-伏伊特(ELIN - VOITH)公司制造的三机式抽水蓄能机组，并且预留 1 台常规机组的位置。沉沙池设在雅鲁藏布江边，通过沉沙池可将雅鲁藏布江水中粒径大于 0.1 mm 的泥沙颗粒沉淀 80%以上，从而减少泥沙对机组的磨损。

羊卓雍湖抽水蓄能电站运行以来对拉萨电网的调峰填谷及事故备用贡献颇丰，虽然单位功率投资较高，但运行成本比其他电站均低，在西藏地区仍是经济的电源。此外，羊卓雍湖电站运行多年来，羊卓雍湖流域的环境变化主要是由自然因素造成的，人为和工程活动的影响范围和程度均较小。

广州抽水蓄能电站上水库全景

广州抽水蓄能电站

——中国第一座抽水蓄能电站

广州抽水蓄能电站位于广州市东北方向的从化区，距广州市约 90 km。电站分两期建设，兴建的目的是使深圳大亚湾核电站平稳安全运行，承担广州电网调峰、调频、调相及事故备用任务。

广州抽水蓄能电站一期工程于 1988 年 9 月开始兴建，1989 年 5 月主体工程正式开工，1993 年 6 月第 1 台机组发电，1994 年全部建成。二期工程于 1994 年 9 月正式开工，1999 年 4 月第一台机组发电，2000 年 6 月 4 台机组全部投入商业运行。

一期、二期工程主要建筑物有：上水库、下水库、引水系统、厂房和 500 kV 开关站。一期、二期工程共用上、下水库，两水库之间距离 4.2 km。上水库、下水库都有天然径流补充，上水库的召大水和下水库的九曲水同属流溪河上游牛栏河支流。

一期和二期工程分别装设 4 台可逆式水泵水轮机，单机容量 300 MW（发电工况），总装机容量2 400 MW，是世界上装机容量最大的抽水蓄能电站。

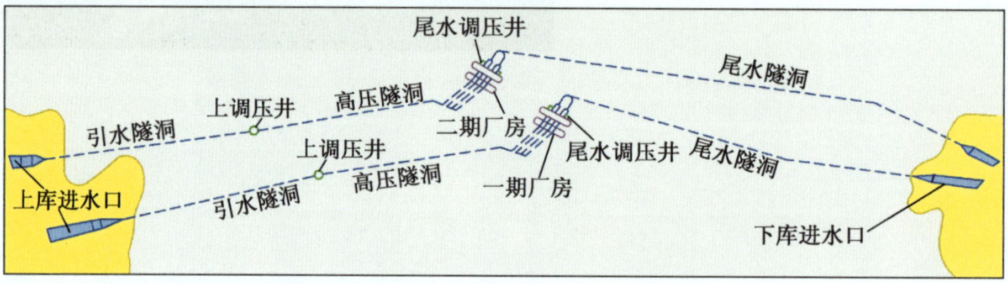

广州抽水蓄能电站平面布置图

广州抽水蓄能电站在建设过程中成功地采用了先进技术，实现了工期短、质量好、投资省的目标。二期工程在总结一期工程经验的基础上又进行了一些优化设计和施工，如引水系统的尾水调压井一期为两机一井，共两井，二期改为四机一井，运行实践证明效果良好；高压斜井衬砌为滑模施工，创造出每月施工 207 m 的新纪录；地下厂房、大型洞室轻型支护参数达到国际先进水平。地下厂房结构在发电机层以下采用厚板梁以及嵌固于围岩的整体墙系统，提高了结构系统吸收机组振动的动力特性，改善了运行条件，反映了当代抽水蓄能电站技术的进步。

电站自投入运行以来，在广州电网中效益显著。以一期电厂为例，年平均吸收低谷电量 14.05 亿 kW · h、调峰发电量 10.8 亿 kW · h，可为电网调峰填谷、调频、调相，平均每台机年运行时间2 217 h，平均每台机每天启动 2.25 次。当系统有事故周波低于 49.8 Hz 时，平均每年紧急启动 16.5 次。另外，机组可靠性也是很高的。1999 年，发电启动成功率达 99.8%，抽水启动成功率达到 97.7%。二期机组从静止到发电满载仅需 2 min，静止至抽水满载也仅需 4 min 左右。

天荒坪抽水蓄能电站上水库全景

天荒坪抽水蓄能电站
——世界上落差水位最高的电站

天荒坪抽水蓄能电站位于浙江省安吉县境内太湖流域西苕溪支流大溪上，距杭州市 57 km，担负华东电网调峰、填谷、调频、调相和事故备用等任务。

电站枢纽包括上水库、下水库、输水系统、地下厂房洞室群和开关站等部分。

电站工程总装机容量为 1 800 MW。前期准备工程于 1992 年 6 月开始，主体工程于 1994 年 3 月 1 日正式开工。1 号机组 1998 年 9 月 30 日投入试运行，2000 年最后一台机组投运。

上水库是利用天然洼地挖填而成，设计最高蓄水位为 905.2 m，相应库容 919.2 万 m^3。上水库由 1 座主坝和 4 座副坝组成，均为土石坝，主坝最大高度 72 m。主副坝和库底防渗均采用沥青混凝土护面，总面积 28.68 万 m^2。

下水库坝址以上流域面积 24.2 km^2，多年平均年径流量 2 760 万 m^3。下水库设计最高蓄水位为 344.5 m，相应库容为 859.56 万 m^3。挡水建筑物为钢筋混凝土面板堆石坝，最大坝高 92 m。大坝按 100 年一遇洪水设计，1 000 年一遇洪水校核，可能最大洪水不漫顶。在左坝头布置无闸门控制的侧堰式溢洪道。

输水系统在流纹质熔凝灰岩岩体内开凿而成。上游输水系统布置两条内径为 7 m 的钢筋混凝土衬砌斜井式高压隧洞，通过钢筋混凝土岔管各接三根钢衬支管引水进入水泵水轮机，输水系统承受的最大静水压力为 680.2 m 水头，最大动水压力达 887 m 水头。每台机组接一条尾水隧洞，并且用钢板衬砌到尾水闸室下游的渐变段为止。

500 kV 开关站平台布置在下水库左岸进(出)水口上方的 350.2 m 高程上。主副厂房、主变室、母线洞、550 kV 电缆竖井、尾水闸门室和交通、通风、排水等洞室群，均布置在流纹质熔凝灰岩岩体中。所有的地下洞室群均采用喷锚支护，局部加钢筋网。厂房内安装 6 台 300 MW 的机组，年发电量 30.14 亿 kW·h，年抽水电量 41.04 亿 kW·h。水轮机为立轴单级可逆混流式水泵水轮机，当水轮机工况额定净水头为 526 m 时，单机额定出力为 306 MW，水泵工况最大输入功率为 336 MW，最大扬程 614 m。发电电动机为立轴悬式、空冷可逆式三相同步电机，发电机工况和电动机工况的额定容量分别为 333 MW 和 336 MW。

天荒坪抽水蓄能电站是中国已建的抽水蓄能电站中单级水泵水轮机水头最高的一座，在世界上同类电站中也位居前列。上水库库盆全部采用沥青混凝土防渗护面，500 kV 电缆采用干式电缆，这在当时中国均属首例。

江厦潮汐电站全景

江厦潮汐电站

——中国第一座双向潮汐电站

江厦潮汐电站位于浙江省乐清湾顶端支汊江厦港，在温岭市境内。该电站利用当时尚未建成的七一塘围垦工程改建，是 20 世纪 80 年代中国建成的试验性双向潮汐发电电站，也是中国最大的潮汐电站。电站工程还兼有围垦、养殖和交通等综合效益。电站于 1972 年 10 月开工，1980 年 5 月首台机组发电，1985 年 12 月全面建成。

电站所在的江厦港纵深 9 km，坝址处口门宽度 686 m，系狭长半封闭浅海半日潮港，处在中国大潮差地带。多年平均潮差 5.08 m，最大潮差 8.39 m，最小潮差 1.53 m。在正常蓄水位以下库容为 514 万 m^3，发电有效库容为 336 万 m^3。电站采用单库双向发电方式，枢纽建筑物由堤坝、水闸、厂房和开关站等组成。

堤坝建于厚达 46 m 的饱和海涂淤泥质黏土层上，采用黏土心墙堆石坝，最大坝高 15.5 m。水闸设于堤坝和厂房之间，为 5 孔平底闸，建于凝灰岩上，利用原七一塘围垦工程排涝闸按电站双向运行要求加固而成。发电厂房建于水闸左侧的左岸，避免了设置于海涂软基上基础处理的复杂性。电站装机 5 台，总容量为 3.2 MW，另留一个基坑备作潮汐发电新技术试验之用，可扩建至 3.9 MW。电站采用灯泡贯流式机组，可双向发电、双向泄水。双向运行工况转换无须停机，由调整桨叶转角和导叶开度来实现。

江厦电站是科学试验电站，主要研究潮汐能的特点、海工建筑物的金属问题、潮汐发电机组的研制以及综合利用等。电站的建设和运行取得了一定的科研成果，并且逐步积累了经验。由于采用了外加电流阴极保护和刷防附着涂料的措施，在海水环境中基本没有发生金属构件腐蚀和海生物附着的情况，机组总体结构也未出现异常现象。电站机组经变压器升压至 35 kV 联入温岭地区电网，其不连续不均匀电量经由电网充分吸收。5 台机组全部投运后，年发电量最高达到 646 万 kW · h，最低为 504 万 kW · h，多年平均约为 570 万 kW · h。由于各种因素的影响，维修时间较多，装机平均年利用小时数仅为 1 781 h。

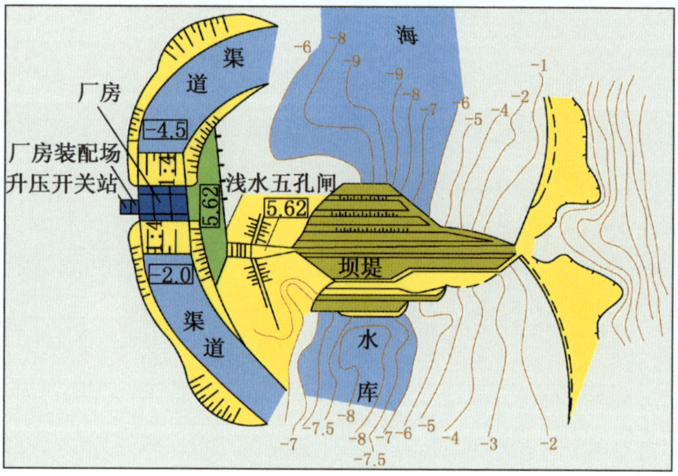

(单位：m)

江厦潮汐电站工程布置示意图

三峡水电站全景

长江三峡水利枢纽工程

——当今世界上最大的水利工程

长江三峡水利枢纽工程(简称“三峡工程”)位于湖北省宜昌市三斗坪、长江干流西陵峡中,距三峡出口南津关 38 km,下游 40 km 处为葛洲坝水利枢纽。工程具有防洪、发电、航运等综合效益,是当今世界上最大的水利工程。

枢纽主要建筑物包括:大坝、水电站、泄洪建筑物和通航建筑物(五级船闸及升船机)。坝址控制流域面积 100 万 km^2,多年平均流量 14 300 m^3/s。水库总库容 393 亿 m^3,其中防洪库容 221.5 亿 m^3。枢纽主要建筑物设计洪水标准为 1 000 年一遇,洪峰流量 98 800 m^3/s;校核洪水标准为 10 000 年一遇加 10%,洪峰流量 124 300 m^3/s。

中国对兴建三峡水利枢纽工程的设想和探索由来已久。早在 20 世纪初,孙中山先生曾提出开发三峡水力资源的设想。1944 年,中国资源委员会与美国垦务局的萨凡奇等协作进行了建坝方案的研究,提出了在南津关建坝的扬子江三峡计划初步报告。中华人民共和国成立后,开展了三峡工程建设的前期工作,水利部长江水利委员会做了大量的勘测、科研和规划设计工作。1986 年,原水利电力部组织各方面专家对三峡工程的可行性进行论证,认为三峡工程对长江中游防洪的作用不可代替,发电、航运效益巨大,移民及环境问题可以妥善解决,应早日兴建。根据论证成果,水利部长江水利委员会于 1989 年提出三峡工程可行性研究报告,经国务院审查后,于 1992 年 4 月 3 日在第七届全国人大第五次会议上审议通过,将兴建长江三峡水利枢纽列入国民经济和社会发展十年规划。经过多种方案比较研究,确定采用“一级开发、一次建成、分期蓄水、连续移民”的实施方案。

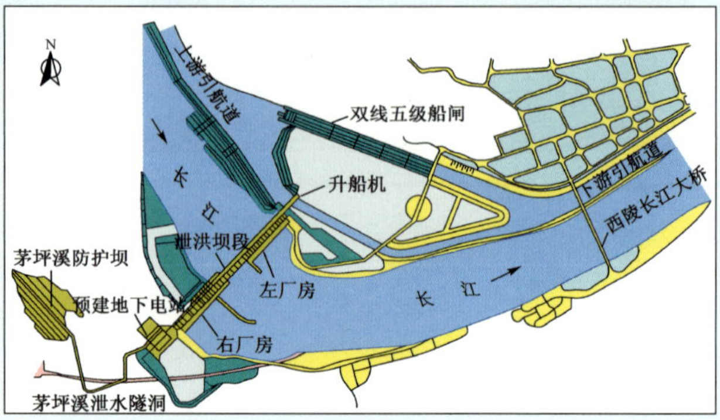

三峡工程平面布置图

三峡工程计划全部工期 17 年,分三个阶段完成。第一阶段(1993—1997 年)为施工准备及一期工程,以实现大江截流为标志;第二阶段(1998—2003 年)为二期工程,以实现水库初期蓄水、第一批机组发电和永久船闸通航为标志;第三阶段(2004—2009 年)为三期工程,以实现全部机组发电和枢纽工程全部完建为标志。2006 年 5 月 20 日,最后一仓混凝土浇筑完毕,标志着三峡大坝全线建成。

拦河大坝为混凝土重力坝,坝顶高程 185.0 m,最大坝高 175.0 m。右岸茅坪溪副坝为沥青混凝土心墙砂砾石坝,最大坝高 104 m。水电站总装机容量 18 200 MW,共安装 26 台 700 MW 水轮发电机组,其中左岸厂房14 台,右岸厂房12 台。另外,在右岸山体内预留地下厂房位置,后期拟扩机 6 台,容量 4 200 MW。

通航建筑物包括永久船闸和升船机。永久船闸为双线五级船闸，可通过万吨级船队；升船机为单线一级垂直提升式，可通过 3 000 t 级客货轮。

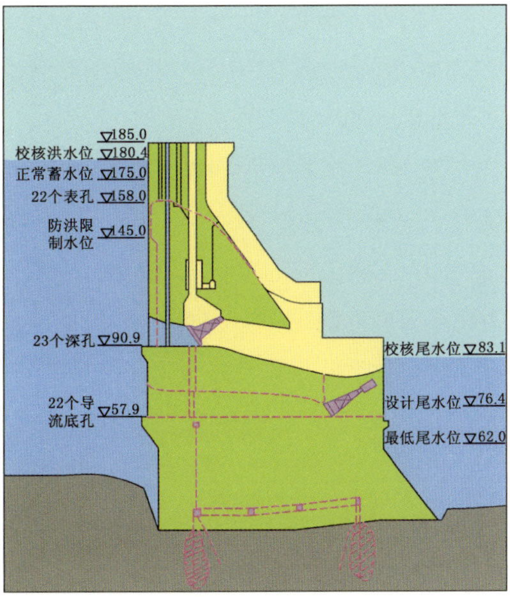

三峡工程溢流坝段剖面图

在工程施工中，建设者攻克了多项世界级技术难题，例如：大江截流、导流明渠截流、深水围堰施工、船闸直立高边坡开挖及稳定变形控制、混凝土浇筑、特大金属结构和特大水轮发电机组安装等。作为世界上最大的水利枢纽工程，三峡工程的许多设计指标都突破了世界水利工程纪录。

(1) 水库总库容 393 亿 m^3，防洪库容 221.5 亿 m^3，水库调洪可消减洪峰流量达2.7～3.3 万 m^3/s，是世界上防洪效益最为显著的水利工程。

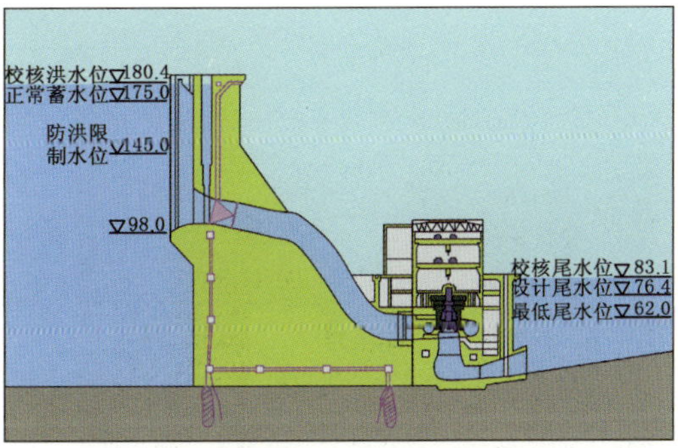

三峡工程厂房坝段剖面图

(2) 水电站总装机 18 200 MW，年平均发电量 846.8 亿 kW · h，是世界上最大的电站。

(3) 大坝坝轴线全长 2 309.47 m，泄流坝段长 483 m，双线 5 级船闸＋升船机，无论单项、总体都是世界上建筑规模最大的水利工程。

(4) 工程主体建筑物土石方挖填量约 1.34 亿 m^3，混凝土浇筑量 2 794 万 m^3，钢筋制作安装 46.30 万 t，金属结构制作安装 25.65 万 t，是世界上工程量最大的水利工程。

(5) 2000 年混凝土浇筑量为 548.17 万 m^3，月浇筑量最高达 55 万 m^3，

创造了混凝土浇筑的世界纪录，是世界上施工难度最大的水利工程。

(6) 截流流量 9 010 m^3/s，施工导流最大洪峰流量 79 000 m^3/s，是施工期流量最大的水利工程。

(7) 泄洪闸最大泄洪能力 10.25 万 m^3/s，是世界上泄洪能力最大的泄洪闸。

(8) 三峡工程的双线五级船闸，总水头 113 m，是世界上级数最多、总水头最高的内河船闸。

(9) 升船机有效尺寸为 120 m×18 m×3.5 m，最大升程 113 m，船箱带水重量达 11 800 t，过船吨位 3 000 t，是世界上规模最大、难度最高的升船机。

(10) 水库动态移民最终可达 113 万人，是世界上水库移民最多、工作最艰巨的移民建设工程。

三峡工程防洪、发电和航运效益十分显著。在防洪方面，可有效控制长江上游洪水，对中下游平原区，特别是对荆江地区防洪效益显著，可使荆江河段防洪标准由原来 10 年一遇提高到 100 年一遇；遇 1 000 年一遇或更大洪水时，配合荆江分洪等工程，可防止荆江河段发生干堤溃决的毁灭性灾害；还可大大提高长江中下游防洪调度的机动性和可靠性，减轻中下游洪水淹没损失和对武汉市的洪水威胁；可为洞庭湖区的根本治理创造条件。在发电方面，三峡水电站年平均发电量 846.8 亿 kW·h，主要向华东、华中和华南地区供电。在航运方面，可显著改善长江宜昌至重庆长 660 km 的航道，万吨级船队可直达重庆港，航道单向年通过能力可由 1 000 万 t提高到5 000万 t；宜昌下游枯水季最小流量可从 3 000 m^3/s 提高到 5 000 m^3/s 以上，从而使长江中下游枯水季航运条件也有较大改善。除此之外，工程还具有水库养殖、旅游、供水灌溉及南水北调(中线)远期加大供水等巨大综合效益。

三峡工程双线五级船闸

改建后的三门峡水利枢纽全景图

三门峡水利枢纽工程
——黄河干流第一座大型水利枢纽

三门峡水利枢纽位于河南省三门峡市和山西省平陆县交界的黄河干流上，是黄河干流上第一座大型水利枢纽，主要任务是防洪、防凌、灌溉和发电。

枢纽位于潼关以下峡谷河段，因河床中原有两座岛，将河流分成 3 个过流口门，故称三门峡。工程于 1957 年 4 月开工，1960 年大坝基本建成，同年 9 月下闸蓄水，1962 年安装了第 1 台机组。

坝址以上流域面积 68.84 万 km^2，多年平均流量 1 350 m^3/s，多年平均径流量 419 亿 m^3，平均含沙量 37.6 kg/m^3。水库总库容为 159.35 亿 m^3。

枢纽主要建筑物包括：混凝土重力坝和坝后式厂房。混凝土重力坝坝顶高程 353 m，最大坝高 106 m，坝身泄水孔最大泄流量6 000 m^3 /s。电站原设计装机 8台，总容量1 160 MW。

由于原设计对黄河泥沙和水库淤积规律认识不足，在水库蓄水后库区泥沙淤积严重，后水库降低水位运行，滞洪排沙，但淤积仍继续，库容损失与日俱增。于是，1964 年对工程进行了第一次改建，在左岸增建 2 条泄洪排沙隧洞，将 4 条发电引水钢管改作泄流排沙之用。水库淤积虽有所缓和，但枢纽泄洪规模仍然偏小，不能解决一般洪水的淤积问题。之后，在 20 世纪 70 年代初和 80 年代又两次对工程进行改建，枢纽现有泄水建筑物总泄量为 9 701 m^3 /s。

改建后的三门峡水利枢纽在防洪、防凌、灌溉和发电等方面发挥了综合利用效益。保持 335 m 高程以下防洪库容约 60 亿 m^3，当花园口发生超过 22 000 m^3 /s 的大洪水时，枢纽可部分或全部关闭闸门控制，减轻下游防洪负担；凌汛期解除下游冰凌危害；灌溉农田 20 万 hm^2，并且向胜利油田和下游城市供水；多年平均年发电量 10 亿 kW · h。

三门峡水利枢纽工程的实践，使人们加深了对黄河水沙规律的认识，提出了各种改建措施，探索出蓄清排浑、调水调沙等控制运行方式，水库淤积得到控制，综合利用效益得到保证，丰富和发展了水库泥沙科学，为开发利用多泥沙河流积累了经验。

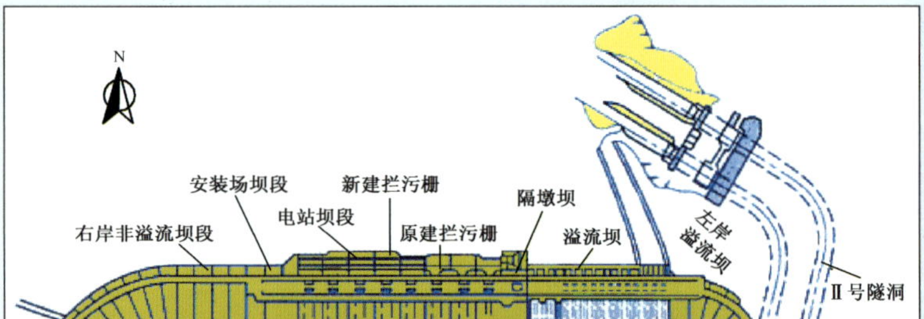

改建后的三门峡水利枢纽平面布置图

小浪底水利枢纽全景

小浪底水利枢纽工程
——治理开发黄河的关键性工程

小浪底水利枢纽位于河南省洛阳市以北 40 km 处，距三门峡大坝 130 km。枢纽以防洪、减淤为主，兼顾供水、灌溉和发电，采取蓄清排浑的运行方式，除害兴利，综合利用。

小浪底水利枢纽工程是黄河干流在三门峡以下唯一能够取得较大库容的控制性工程，是治理开发黄河的关键性工程，属国家“八五”重点项目。战略地位重要，工程规模复杂，水沙条件特殊，运用要求严格，被中外水利专家视为世界上最复杂、最具有挑战性的水利工程之一。

小浪底工程于 1994 年 9 月开工建设，2001 年全部建成。它的建成将有效地控制黄河洪水，可使黄河下游花园口的防洪标准由 60 年一遇提高到

1 000 年一遇，基本解除黄河下游凌汛的威胁，减缓下游河道的淤积。小浪底水库还可以利用其长期有效库容调节非汛期径流，增加水量用于城市及工业供水、灌溉和发电。它处在承上启下控制下游水沙的关键部位，控制黄河输沙量的 100%。

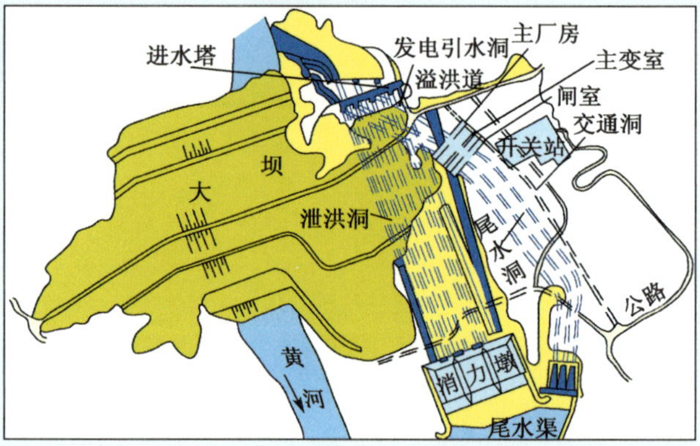

小浪底水利枢纽平面布置图

坝址控制流域面积 69.42 万 km^2，多年平均流量 1 342 m^3/s，多年平均输沙量 13.51 亿 t。水库正常蓄水位为 275 m，相应库容 126.5 亿 m^3，其中淤沙库容 75.5 亿 m^3。主要水工建筑物设计洪水标准为 1 000 年一遇，校核洪水标准为 10 000 年一遇。水电站装机1 800 MW，多年平均年发电量 51 亿 kW・h。

枢纽主要包括挡水大坝、泄洪排沙系统和引水发电系统三大部分。大坝为黏土斜心墙堆石坝，最大坝高 154 m，是中国已建成的体积最大、基础覆盖层最深的土质防渗体当地材料坝。总填筑量 5 185 万 m^3，坝基混凝土防渗墙厚 1.2 m，最大深度 81 m，顶部插入斜心墙 12 m。上游围堰是主坝的一部分，斜墙下设塑性混凝土防渗墙和旋喷灌浆相结合的防渗措施，由主坝斜心墙、上爬式内铺盖、上游围堰斜墙与坝前淤积体组成完整的防渗体系。

由于地形、地质条件的限制和进水口防淤堵等运用要求，泄洪、排沙、引水发电建筑物均布置在左岸，形成进水口、洞室群、出水口消力塘集中布置的特点。在面积约 1 km^2 的单薄山体中集中布置了各类洞室 100 多条。9 条泄洪排沙洞、6 条引水发电洞和 1 条灌溉洞的进水口组合成一字形排列的 10 座进水塔，最大高度 113 m。各洞进口错开布置，形成高水泄洪排污、低水泄洪排沙、中间引水发电的总体布局，能有效防止进水口淤堵、降低洞内流速和减轻流道磨蚀，提高闸门运行的可靠性。出口处设总宽 356 m、总长210 m、最大深度 28 m 的 2 级消力塘，对以上 10 股水流集中消能，泄水渠

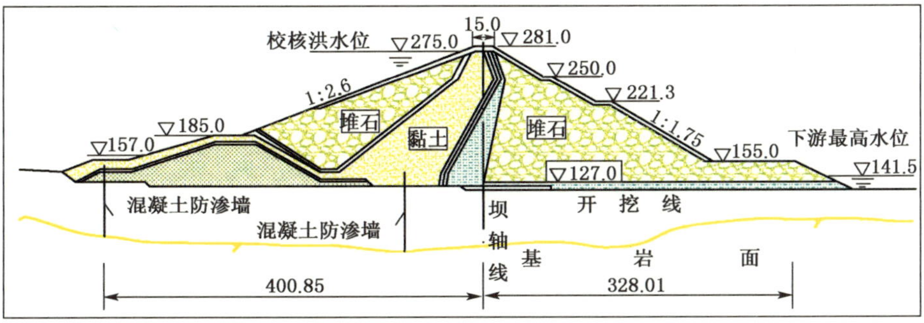

(单位：m)

小浪底黏土斜心墙堆石坝剖面图

与下游河道连接。进水塔和消力塘开挖形成的进出口高边坡最高达 120 m。为保证高边坡稳定，采用了减载、排水及 1 100 多根预应力锚索支护、竖直抗滑桩加固的综合治理措施，取得了良好的效果。

引水发电系统由发电进水塔、引水洞、压力钢管、地下厂房、主变室、尾闸室、尾水洞、尾水渠和防淤闸等组成。地下厂房上覆岩体厚 70～110 m，其中有 4 层泥化夹层，采用了 325 根长 25 m、重 1 500 kN 的预应力锚索支护，厂房内还采用了预应力锚固岩壁吊车梁。厂房中安装 6 台 300 MW 水轮发电机组，尾水渠末端设防淤闸，防止停机时浑水回淤尾水洞。水轮机运用水头变幅大，具有良好的水力特性和抗磨损性能，且设置筒形阀，可适应多泥沙和调峰运用条件，还可在不吊出转子和转轮的情况下，进行导水机构和转轮过流表面的维修。

小浪底水利枢纽在建设过程中，在解决深厚覆盖层防渗，进水口防泥沙淤堵，高速含沙水流消能及抗磨蚀，密集洞室群的围岩稳定，泄水建筑物进出口高边坡稳定，大型复杂钢闸门、启闭机的制造和安装等技术问题上，积累了丰富的经验。在

小浪底泄洪

设计、施工中采取了多项创新技术，如由导流洞改建而成的 3 条孔板泄洪洞洞内消能、3 条排沙洞无黏结预应力混凝土衬砌、GIN 法灌浆、防渗墙施工中采用的横向槽孔充填塑性混凝土保护下的平板式接头等新技术，均取得成功。小浪底大坝填筑时创造了中国 20 世纪土石坝施工的最高年强度 1 636.1 万 m^3、最高月强度 158 万 m^3、最高日强度6.7 万 m^3 3 项最高纪录。

丹江口水利枢纽全景

丹江口水利枢纽工程

——南水北调中线水源地

丹江口水利枢纽位于中国湖北省丹江口市辖区内，汉江与丹江交汇处下游 800 m 处，是对汉江开发的第一个控制性大型骨干工程，是国家南水北调中线工程水源地，也是国家一级水源保护区、中国重要的湿地保护区、国家级生态文明示范区。

汉江自古水灾频繁，至中华人民共和国成立前夕，已到了“三年两溃、十年九灾”的严重地步。南水北调是孙中山先生十大建国纲领之一。1953 年，毛泽东视察长江，在听取了长江防洪工作汇报后，将“丹江口”圈入了“南水北调”的伟大构想。1954 年，毛泽东在听取三峡工程的汇报后，赞成先建设丹江口水利枢纽工程，为三峡工程建设锻炼队伍、积累经验的想法。“治汉江水患”“为三峡练兵”“向北方调水”由此成为丹江口水利枢纽的重要使命。1958年,丹江口枢纽工程开工,工程分两期进行开发建设。初期工程于1958年9月1日举行开工仪式,比预定开工日期整整提前一个月。在“大跃进”、“三年困难时期”“文革”的非常岁月里,10万民工肩扛担挑,全凭人力截流汉江。丹江口工程的建设过程一波三折,在经历了停工、论证、处置、复工之后,1967年大坝下闸蓄水。1973年底,枢纽工程全面建成,功能依次是防洪、发电、灌溉、航运、养殖,周恩来总理称其为“五利俱全”。

枢纽由左岸土石坝段、左岸连接坝段、厂房坝段、溢流坝段、深孔泄洪坝段、升船机、右岸连接坝段和右岸土石坝段等主要建筑物组成。挡水建筑物全长2 468 m。其中混凝土坝全长1 141 m,为混凝土宽缝重力坝。左岸土坝1 223 m,最大坝高56 m,为黏土心墙及黏土斜墙、砂砾料坝壳土石混合坝。左岸土石坝与河床混凝土坝之间的左岸连接段长220 m,为实体重力坝。右岸土坝长130 m,为黏土心墙风化石碴坝壳土石混合坝。右岸连接段长339 m,为实体重力坝。主坝坝顶高程162 m,最大坝高97 m。

坝址以上流域面积95 217 km^2,年平均径流量378亿 m^3,年平均流量1 200 m^3 /s。设计洪水标准为:1 000年一遇设计,10 000年一遇校核。设计洪水流量64 900 m^3 /s,相应库水位159.8 m;校核洪水流量82 300 m^3 /s,相应库水位161.3 m。水库正常蓄水位157 m。

坝后式厂房内安装6台单机容量为150 MW的竖轴混流式水轮发电机组,经埋设在坝内的6条直径7.5 m的压力钢管引水发电。厂房坝段长174 m,位于河床左部。水轮机转轮直径5.5 m,额定转速100 r/min,额定出力154 MW,最高效率92.8%。定子铁芯内径12.8 m。220 kV和110 kV屋外开关站设在左岸下游台地上。

通航建筑物布置在右岸。上段采用垂直升船机,最大提升高度50 m,设计载重能力150 t。下段为斜面升船机,轨道长350 m,坡度1∶7。连同上下游导墙,过坝设施总行程1 166 m,设计年过坝运输量83万t。

1979年,五届全国人大《政府工作报告》提出兴建南水北调工程。1987年,长江水利委员会提出《南水北调中线工程规划报告》。2000年中央决定分东中西三路实施南水北调,年调水448亿 m^3,总投资5 000亿元左右,建设时间约 40 年。丹江口水库是中线调水源头，调水分两期实施。第一期工程于 2002 年 12 月开工，主要是加高丹江口水库大坝，让水流到河南、河北、北京、天津，平均每年调水 97 亿 m^3。2005 年 9 月 26 日，丹江口大坝加高开工，加高工程投资 24.25 亿元，为我国水利水电工程加高续建之最。2013 年 8 月 28 日，大坝加高工程通过蓄水前的技术性初步验收。加高后的大坝，坝高由原来的 162 m 升至 176.6 m。水库正常蓄水位由 157 m 提高到 170 m，库容由 174.5 亿 m^3 增加到 290.5 亿 m^3，汉江中下游防洪能力由 20 年一遇提高到 100 年一遇。大坝加高后，丹江口水利枢纽任务改为以防洪、供水为主，兼顾发电、航运、生态保护。2017 年是汉江流域丰水期，丹江口水位首次蓄至167 m，高于大坝加高前坝顶 5 m，水利枢纽运行正常。

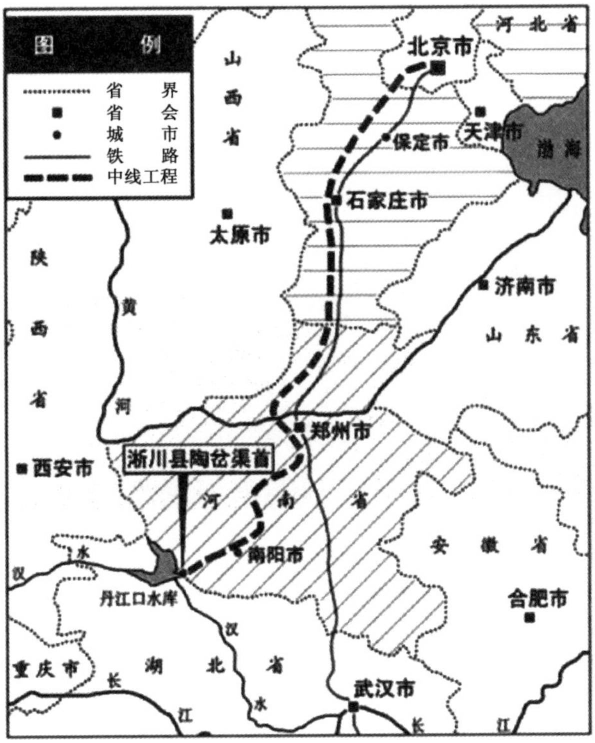

南水北调中线工程示意图

防洪是丹江口水利枢纽的首要任务：1998 年的长江特大洪水，丹江口水库通过科学调度成功实现汉江洪峰与长江第六次洪峰错峰。截至 2018 年底，丹江口水利枢纽共拦蓄洪峰流量大于 10 000 m^3/s 的洪水 92 次，避免了 12 次下游民垸分蓄洪和 34 次杜家台滞洪区分洪，减免损失达 620 亿元。供水是丹江口水利枢纽的历史使命：2002 年 12 月 27 日，南水北调中线工程正式进入全面恢复和实施阶段。2014 年，丹江口水库的优质水源一路北上，从中原大地到华北平原，沿线滋润着土地农田，充盈着工业用水和百姓日常需

加高后的丹江口大坝

水。截至 2018 年底，丹江口水库已累计供水超过 195 亿 m^3，惠及北方 19 座大中城市 5 310 万居民（北京 1 100 万，天津 900 万，河北 1 510 万，河南 1 800 万）。

从 1952 年 10 月毛泽东提出“南方水多，北方水少，如有可能，借一点来也是可以的”的大胆设想，到 2014 年 12 月“一泓清水润京津”梦想成真，一部南水北调工程规划建设史，留下了无数感天动地、可歌可泣的中国故事，孕育了荡气回肠、催人奋进的伟大的南水北调精神。丹江口水利枢纽为汉江安澜提供坚实的保障，成就了疏通天地的资源共享，成了惠及南北的幸福源泉，其圆满完成了半个多世纪前的使命，创建了水利史上的不朽功勋。

潘家口水利枢纽工程全景

潘家口水利枢纽工程

——我国第一个大型跨流域调水龙头工程

20 世纪 60 年代后期，华北地区连年干旱，天津市水资源严重紧缺。为缓解京津唐地区水资源供需矛盾，着力解决天津市的水源危机，1973 年，国务院决定以引滦枢纽工程为龙头，兴建引滦入津和引滦入唐工程。引滦枢纽工程与引滦入津工程、引滦入唐工程一起，构成中华人民共和国成立后第一个大型跨流域调水工程。作为引滦工程的水源地，潘家口水利枢纽工程成为我国第一个大型跨流域向特大城市供水工程的龙头工程。

潘家口水利枢纽工程位于河北省唐山、承德两市交界处，坝址位于迁西县桃园村北约 2 km 的滦河干流上。潘家口古称卢龙塞，明代作为通往北疆和东北边陲的咽喉要道，是兵家必争之地。

潘家口水利枢纽工程控制流域面积 33 700 km^2，包括上水库拦河大坝、两座副坝、溢流坝、坝后水电站、下水库拦河大坝、泄水闸和河床式厂房。上水库——潘家口水库由一座拦河大坝和两座副坝组成。水库总库容 29.3 亿 m^3，最大水面面积达 72 km^2，最深处 80 m，于 1975 年 10 月动工，1985 年 6 月通过交接鉴定验收，总投资 6.8 亿元。主坝恢宏壮丽，是一座混凝土宽缝重力坝，属 1 级建筑物，共 56 个坝段。最大坝高 107.5 m，坝顶长 1 040 m，最大底宽 90 m，坝顶高程 230.50 m。溢流坝为坝顶溢流式，布置在河床中部，设 18 个表孔，每孔装有 15 m×15 m 的弧形闸门，最大下泄流量为 53 100 万 m^3/s；在溢流坝段中间部位，设有 4 个尺寸为 4 m×6 m 的深式泄水孔，也装有弧形闸门。两座副坝均为土坝，坝高分别为 22.5 m 和 5 m，一般情况不挡水。

电站厂房为坝后式厂房，装有 3 台 9 万 kW 混流可逆式抽水蓄能机组和 1 台 15 万 kW 的混流式水轮发电机组。下水库为由混凝土拦河坝形成的抽水蓄能下水库。拦河坝坝高 28.8 m，坝顶长 1 098 m，正常蓄水位144.00 m，最低水位 139.00 m，总库容 3 168 万 m^3，有效库容 1 000 万 m^3。右侧有 1 座河床式厂房，装有 2 台单机容量为 0.5 万 kW 的灯泡式机组。

潘家口水库主坝

潘家口水库蓄水后，水位超过了长城高度，潘家口城堡淹没于水中，从此这段历经五百年沧桑的长城便隐身水下，成为闻名遐迩的“水下长城”。1983 年 9 月，水库开始向天津市供水，1984 年 12 月开始向唐山供水。随后的 5 年里，共向下游供水超过 43 亿 m^3，使天津、唐山两市拥有了优质而稳定的水源，促进了全社会各行各业的快速发展。

潘家口水库“水下长城”

潘家口水库山脉群属于燕山山脉，由于流水侵蚀和褶皱断裂作用，呈现出“一山接一山，一山还比一山高”的水鳞叠锦现象，泛舟于绿水之中，两岸青山环绕，山上翠鸟长鸣，让人产生“舟行碧波上，人在画中游”之感，堪称“塞北漓江”。潘家口水库是解决华北地区地下水超采，缓解天津、唐山城市水资源短缺的大型水利枢纽工程。平均每年可调节水 19.5 亿 m^3 送往天津、唐山，解决两地的工农业和城市用水，并可减轻密云水库的供水压力，同时可保证下游京山铁路滦河大桥的安全。截至 2020 年 8 月，潘家口水库先后调蓄 1 000 m^3/s 以上的洪水 12 次，2 000 m^3/s 以上的洪水 9 次。特别是在 1994 年 7 月，滦河流域发生了有水文记载的第二位、潘家口水库建库以来最大的一次洪水，入库洪峰达 9 870 m^3/s。为保证下游防洪安全，潘家口水库在超汛限水位 3.81 m 的情况下,为下游连续错峰 8 h,防洪减灾效益达 17 亿元,河北省人民政府为此向引滦局致电感谢。2012 年汛期,潘家口水库在超过汛限水位 1.44 m、大黑汀水库距设计洪水位 1.2 m 的严峻形势下,全力为滦河下游地区实施洪水错峰,保障了滦河下游 200 余个村庄十几万群众和 20 万亩耕地的防洪安全。潘家口水利枢纽工程的建成运行,不仅为京津唐地区经济建设和社会发展提供了水资源保障,而且对华北地区乃至全国的经济发展和社会稳定发挥了重要作用。

满拉水库全景

西藏满拉水利枢纽工程

——西藏第一坝

满拉水利枢纽工程位于有“西藏粮仓”之称的日喀则市江孜县龙马乡境内的年楚河干流上，距下游日喀则市 113 km，距江孜县城28 km，海拔在4 200 m以上，藏族人民称之为高原“金太阳”。据水文资料显示，日喀则站多年平均降水量为 421.0 mm，降水的年际变化较大，最大年降水量为752.1 mm，最小年降水量为 210.5 mm。降水的年内分布也不均匀，主要集中在汛期，6—9 月降水量占年降水量的 90%左右。年楚河流域的径流主要由降水、冰川积雪融水及地下水补给三部分组成，径流年度间变化不大，但径流的年内分配不均，汛期径流占年径流量的 70%。

1995 年 8 月 26 日，满拉工地举行满拉水利枢纽主体工程开工仪式；1996 年 11 月 20 日，满拉水利枢纽工程一次截流成功，成功实现大坝围堰截流；1999 年 10 月 23 日，满拉水利枢纽正式下闸蓄水，导流洞进口闸门一次下闸成功；1999 年 12 月 18 日，第 1 台机组正式并网发电；2001 年 5 月 16—18 日，满拉水利枢纽工程通过了由武警水电指挥部组织并主持的竣工初步验收。满拉水利枢纽工程概算静态投资 144 635.98 万元，动态投资为 144 701.98 万元，是中央第三次援藏会议确定的 62 项援藏工程中规模最大、投资最多、工期最长的一项工程，亦是西藏自治区“一江两河”地区综合开发的重点大型水利、能源建设项目，有“西藏第一坝”之称。

满拉水利枢纽发电厂房

满拉水利枢纽工程属于大(Ⅱ)型工程，由拦河坝、泄洪洞、发电厂房和引水系统四部分组成。大坝为黏土心墙堆石坝，坝顶高程 4 261.3 m，最大坝高 75.3 m，坝顶长 287 m；水库设计总库容 1.57 亿 m^3，水库正常蓄水位 4 256 m，死水位 4 235.0 m。调节库容 0.83 亿 m^3，死库容 0.49 亿 m^3。坝址处多年平均流量为 15.1 m^3/s，100 年一遇洪峰流量为 393 m^3/s，2 000 年一遇洪峰流量为 644 m^3/s。设计洪水标准为 100 年一遇，设计洪水位 4 257.5 m；校核洪水标准为 2 000 年一遇加 20%的安全保证值，并以上游冰川湖泊溃决洪水作为一种非常洪水标准进行校核，校核洪水位4 258.4 m，保坝最高洪水位 4 260 m。

发电厂房由主副厂房、开关站、厂前区、尾水渠等组成，尺寸为 51.5 m×13.68 m×25.23 m。电站装有 4 台 0.5 万 kW 水轮发电机组，设计水头 57.5 m，总装机容量为 2 万 kW，水轮机型号为 HLA562-LJ-135，设计年发电量 0.61 亿 kW·h。引水系统包括进水口、引水隧洞、调压井和压力管道，引水洞长 996.13 m。

主体工程石方开挖量为 171×104 m^3、洞挖石方量为 104 m^3，坝体填筑量为 181×104 m^3、砼浇筑量为 10×104 m^3。坝址区高程 4 200～4 300 m，干旱缺氧，冬季严寒，全年实际施工期仅 7～8 个月，施工条件艰苦。

满拉水库库区

西藏满拉水利枢纽工程的实施，对“一江两河”地区的开发，促进其经济发展，实现以农牧业发展为主体的综合发展目标，提高藏族人民的生活水平，逐渐缩小西藏与内地的差距，具有十分重要的意义。这个有着“西藏第一坝”之称的满拉水利枢纽工程建成后，不但提高了年楚河的灌溉能力，而且有力地缓解了藏中电网电力紧缺状况，提高了年楚河下游三县一市的防洪标准。中华人民共和国成立之初，西藏只有少量自流灌溉农渠，灌溉面积仅有 28 万亩，唯一的一座小型电站已报废停止运行，城乡防洪基本处于不设防状态，人畜饮水基本靠人背马驮。满拉水利枢纽工程建成后，控制灌溉面积 40 万亩，新增灌溉面积 25 万亩，每年可增产粮食 3 700 万 kg，为西藏自治区实现粮食自给创造条件。此外，西藏满拉水利枢纽工程可调洪削峰，把年楚河下游洞段的防洪标准提高到 20 至 30 年一遇，这对发挥江孜、白朗、日喀则市的粮仓作用将会产生巨大的效益。2000 年 8 月工程经受了近百年一遇的特大洪水考验。2003 年，工程荣获国家建筑行业最高荣誉“鲁班奖”，这是西藏地区唯一获得该奖项的水利工程。

百色水利枢纽工程全景

百色水利枢纽工程
——世界首例采用辉绿岩作为筑坝混凝土骨料的碾压混凝土坝

百色水利枢纽工程是珠江流域防洪规划中确定的郁江堤库结合防洪工程体系中的骨干工程，是治理郁江的关键性工程，也是西部大开发水利建设的标志性工程之一。该工程位于广西郁江上游右江河段，坝址距下游百色市 22 km。右江上起云南剥隘，下至广西南宁，全长 435 km，是国家规划的内河高等级航道，是沟通云南和广西、连接粤港澳的重要的水运通道，在服务国家“一带一路”倡议实施和新时代推进西部大开发形成新格局、决战决胜脱贫攻坚等方面具有重要作用。百色水利枢纽工程是世界上首座采用辉绿岩作为筑坝混凝土骨料的碾压混凝土坝工程。

百色水利枢纽工程项目于 1998 年 3 月经国务院同意国家计委批准立项，同年 10 月初国务院同意该工程开工。2001 年 10 月主体工程开工，2002 年 10 月大江截流。2006 年 7 月，百色水利枢纽电站工程首台机组发电，2006 年 11 月 26 日，最后一台机组经验收具备商业运行条件。工程建设总工期为 6 年。按 2001 年上半年价格水平计算，百色水利枢纽工程总投资为 47.13 亿元(不含送出工程投资)。该项目资本金为 20 亿元，由中央和广西共同负担，其中中央投资 12.5 亿元，广西投资 7.5 亿元，其余投资 27.13 亿元使用国家开发银行贷款。

百色水利枢纽工程是一座以防洪为主，兼顾发电、灌溉、航运、供水等综合利用效益的大型水利枢纽。主要挡水建筑物包括一座主坝和两座副坝。主坝为全断面碾压混凝土重力坝，以辉绿岩作为碾压混凝土骨料。主坝最大坝高 130 m，坝顶长 720 m，坝顶宽 10 m，坝顶高程 234 m；两座副坝分别为银屯土石坝和香屯均质土坝，坝高分别为 39 m、26 m。水库总库容 56.6 亿 m^3，其中防洪库容 16.4 亿 m^3，有效库容 26.2 亿 m^3，属不完全多年调节水库。

百色碾压混凝土大坝(主坝)

百色水利枢纽电站为地下式厂房，总装机容量 54 万 kW，安装 4 台单机容量分别为 135 MW 的水轮发电机组。电站年均利用小时数 3 130 h，多年平均发电量 16.9 亿 kW · h，其中可调峰电量占 64%以上，可缓解电网峰谷差矛盾和电力供需矛盾。在水库调蓄作用下，将使下游 9 个梯级的枯水期电能增加 3.67 亿 kW·h，其中已建的西津、贵港、桂平 3 个梯级及同步建设的那吉梯级水电站增加枯水期电能 1.87 亿 kW·h。

通航建筑物采用远离主坝的 2×300 t 两级垂直升船机方案，船闸进水闸部分水下工程与主体工程同时施工。其余通航工程作为二期工程建设。由于未同步建成通航设施，造成右江上游断航至今将近 20 年，阻断了珠江中上游云南和广西两地沟通连接粤港澳大湾区的水运大通道。2020 年 3 月，百色水利枢纽通航设施项目法人顺利组建，标志着百色水利枢纽通航设施建设前期工作迈出了关键一步，云南人民经珠江走向大海的梦想即将变成现实。加快推进百色水利枢纽通航设施建设，打通西南水运出海南线通道，完善西南地区综合交通运输体系，促进腹地经济社会发展，是深入贯彻落实习近平总书记重要指示精神，坚决打赢脱贫攻坚战、决战决胜全面建成小康社会的重要举措。

银屯土石坝（副坝）

百色水利枢纽工程建成后，当发生 100 年一遇洪水时水库下泄流量为 9 021 m^3/s，出现 50 年一遇洪水时水库下泄流量为 3 000 m^3/s。近期按 20 年一遇洪水标准加固的南宁市防洪堤，可使南宁市的防洪能力提高到 50 年一遇;远期与下游老口水利枢纽联合调度,可使防洪标准提高到 100 年一遇,可保护 187.3 万人口和 7.28 万 hm^2 耕地,水库多年平均防洪效益达 7.75 亿元。

百色水利枢纽被誉为综合效益最好的水利枢纽工程之一,先后荣获“全国优秀工程勘察设计铜奖”“全国优秀水利水电工程勘察金质奖、设计金质奖”“中国水利工程优质(大禹)奖”。工程自投产运行以来,已拦蓄了 12 次洪峰流量超过 3 000 m^3/s 的大洪水,最大削峰流量达 4 236 m^3/s,大大减轻了南宁、百色及下游沿岸地区的防洪压力,防洪减灾效益显著。百色水力发电厂为广西电网的主力调峰电站,截至 2020 年 4 月,历史累计发电 190.09 亿 kW·h。除了发挥着巨大的防洪和发电效益,该工程的兴建对农田灌溉也有明显的效益。百色水利枢纽将提供充足的水量,使右江盆地保证灌溉面积由 3.25 万 hm^2 增至 3.9 万 hm^2,增加丘陵地的水果灌溉面积 0.73 万 hm^2,扩大自流灌溉面积约 226.67 hm^2。2009 年、2010 年,西南地区遭遇特大干旱,百色水利枢纽利用可调节库容,不间断向下游补水,大大缓解了郁江流域旱情,减轻了灾害损失,并改善了下游水环境。社会经济效益方面,百色水利枢纽的建设,对促进滇桂地区经济发展、改变右江革命老区的发展落后面貌,无疑起到巨大的推动作用。

乌鲁瓦提混凝土面板堆石坝

新疆乌鲁瓦提水利枢纽工程
——昆仑山小三峡

新疆位于中国西北边陲，和田位于新疆南隅，喀拉喀什河是和田重要的水系之一，全长 808 km，全流域面积 26 600 km^2，乌鲁瓦提水利枢纽工程就坐落在这条蜿蜒曲折的长河中游河段出山口处。乌鲁瓦提水利枢纽工程是为解决全国贫困地区和田地区各族群众缺水缺电问题，促进脱贫致富的一项扶贫工程，被和田地区 170 万各族人民誉为“幸福工程”。它还是喀拉喀什河流域的控制性骨干工程，是国家“九五”期间重点建设项目，是一座具有灌溉、防洪、发电、生态保护等综合效益的大型水利枢纽工程，被称为“昆仑山小三峡”。乌鲁瓦提水利枢纽工程也是一个 4A 级景区，位于沙漠深处，属于高原水库。

乌鲁瓦提水利枢纽工程属于大(Ⅱ)型水利枢纽，主要建筑物包括拦河主坝、副坝、右岸开敞式溢洪道和泄洪排沙洞，左岸冲沙洞、发电引水洞、坝后式地面主厂房、副厂房、户内式开关楼等。主坝最大坝高 133 m，坝顶长 365 m，副坝最大坝高 67 m，坝顶长 96 m。主、副坝均为混凝土面板砂砾石堆石坝，上游坡比为 1∶1.6，下游坡比为1∶1.5。主坝后坡设有 10 m 宽的"之"字形上坝道路，坝顶宽度为 8.9 m，坝顶高程 1 967 m。

水库坝址以上集水面积 19 983 km^2，占流域面积的 90%，年平均流量 69.5 m^3/s，喀拉喀什河坝址以上河道 509 km，控制全河径流量的 97%。水库总库容 3.47 亿 m^3，为不完全年调节水库。水库正常蓄水位 1 962 m，校核洪水位 1 964.74 m，正常蓄水位以下库容 3.23 亿 m^3，调节库容 2.25 亿 m^3，防洪库容 0.28 亿 m^3，死库容 0.97 亿 m^3。电站装机容量 60 MW，保证出力 16.5 MW，多年平均发电量 1.97 亿 kW·h，还可以使下游喀拉格尔及排孜瓦提 2 个径流式水电站年增加有效发电量 0.45 亿 kW·h。

左岸冲沙洞由进口明渠、事故闸井、压力洞、工作闸室、无压洞、出口明渠和挑流消能段组成，总长度为 811.03 m，最大泄量 123 m^3/s，进口底板和出口底板高程分别为 1 894 m、1 879.56 m。发电引水洞长度为 457.2 m，最大泄量 90 m^3/s，包括进口明渠、拦污栅及事故闸门井、低压上平洞段、压力竖井、压力钢管和岔管等部分。

右岸溢洪道

右岸泄洪排沙洞总长 876.5 m，进、出口底板高程分别为 1 885 m、1 853.82 m，主要由引水渠、事故闸井、压力洞段、工作闸井、龙抬头段与导流洞结合段、出口明渠段等组成。溢洪道最大泄量 1 850 m^3/s，长度为 573.85 m。

乌鲁瓦提水利枢纽工程于 1993 年 8 月 8 日开始施工准备，1995 年 10 月 3 日正式开工建设，1997 年 9 月截流，1998 年 8 月开始施工期蓄水。2000 年 9 月和 2001 年 4 月，1#、2#和 3#、4#机组建成投产，工程开始全面发挥效益。2003 年 1 月通过竣工初步验收。工程初设总概算按 1992 年价格水平为 8.65 亿元，1997 年经国家计委批准的修改概算为 14.337 8 亿元，由国家、新疆维吾尔自治区和新疆生产建设兵团共同投资建设。本工程实际明挖土石方 363 万 m^3，洞挖石方 15.7 万 m^3，土石方填筑 712 万 m^3，混凝土浇筑 34 万 m^3，金属结构制安 2 718 t，钢筋制安 8 667 t。主要材料消耗：钢材 12 246 t，木材 1 782 t，水泥 129 611 t，油料 15 765 t，炸药 737 t。

乌鲁瓦提水库景色

乌鲁瓦提水利枢纽工程凭其汇集科技、智慧、勤劳于一体的巨大力量，辅以大自然鬼斧神工的造化之精华，光荣地成为全国“百年百项杰出土木工程”新疆唯一入选水利工程，并荣获“大禹奖”“鲁班奖”“詹天佑奖”等奖项。乌鲁瓦提水利枢纽工程是为解决和田地区春旱、夏洪、盐碱、风沙和能源短缺“四害一缺”而修建的关键性工程，工程的社会效益、环境效益、经济效益十分显著，为和田地区经济发展、生态环境改善，特别是各族群众尽快摆脱贫困面貌发挥重要作用。除了其显著的发电效益外，别的效益主要表现在以下几个方面。①灌溉效益：可扩大灌溉面积 10 万 hm^2，改善灌溉面积 7.5 万 hm^2，可基本解决农业灌溉问题，尤其是春旱缺水问题将得到有力的改善。②防洪效益：可将喀拉喀什河常遇洪水的洪峰流量削减到 500 m^3/s，将 50 年一遇洪水的洪峰流量削减到下游河道安全泄量 890 m^3/s，可大大提高河道的防洪能力，基本消除下游的洪水灾害。③生态效益：可满足和田河每年向塔里木河供水 9 亿 m^3 的要求，维护和田河下游绿色走廊的生态环境。乌鲁瓦提水利枢纽工程的建成对提高和田人民生活水平有重要意义，我们有理由相信："乌鲁瓦提"这颗璀璨的水电明珠将同举世无双的和田玉一样名扬四海、光照八方。

紫坪铺水利枢纽工程全景

紫坪铺水利枢纽工程

——经受住“5 · 12”汶川大地震考验的工程

紫坪铺水利枢纽工程位于四川省都江堰市岷江上游干流，距都江堰市 9 km，距成都市 60 km。著名的都江堰渠首工程位于紫坪铺水利枢纽下游 6 km处。作为西部大开发十大工程之一，紫坪铺水利枢纽被列入四川省一号工程。大坝经受住了 2008 年 5 月 12 日四川汶川 8 级特大地震考验，2009 年国际大坝委员会、中国大坝协会授予其“国际堆石坝工程里程碑特别奖”。

紫坪铺工程早在 1954 年就列为岷江上游规划的重点梯级，于 1956 年 6 月完成规划，确定紫坪铺工程为第一期工程，列入国家“二五”重点工程，属于苏联援建的第一批重点建设项目。工程于 1958 年破土动工，同年在导流洞开挖过程中发生了瓦斯爆炸，造成人身伤亡事故。后改为导流明渠，汛期又被洪水冲毁。1960 年受当时技术、经济条件影响，工程停建。世纪之交，随着国家西部大开发战略的实施，2000 年紫坪铺工程被国家确定为西部开发首批开工建设的十大标志性工程之一，2001 年 3 月工程正式动工建设，2005 年 9 月工程下闸蓄水，同年 11 月首批两台机组投产发电，2006 年 5 月工程最后一台机组投产发电，自此工程开始全面发挥综合效益。

紫坪铺水利枢纽工程是以灌溉和供水为主的大(Ⅰ)水利枢纽工程，同时兼顾有发电、防洪、环境保护和旅游等综合效益。枢纽主要建筑物包括钢筋混凝土面板堆石坝、溢洪道、引水发电系统、冲沙放空洞、1# 泄洪排沙洞、2# 泄洪排沙洞。

坝址以上控制流域面积 22 662 km^2，占岷江上游面积的 98%，多年平均流量 469 m^3 /s，年径流量总量 148 亿 m^3 /s，占岷江上游总量的 97%，控制上游泥沙来量的 98%，工程能有效地调节上游来水量，控制洪水和泥沙。水库校核洪水位 883.1 m，相应洪水标准为可能最大洪水，流量为 12 700 m^3 /s；设计洪水位为 871.2 m，相应洪水标准为 1 000 年一遇，流量为 8 300 m^3 /s；正常蓄水位 877.0 m，汛限水位 850.0 m，死水位 817.0 m，水库总库容 11.12 亿 m^3，正常水位下库容 9.98 亿 m^3，防洪库容 1.664 亿 m^3，调节库容 7.74 亿 m^3，控制灌溉面积 1 400 万亩，为不完全年调节水库。

紫坪铺水利枢纽厂房

大坝为混凝土面板堆石坝，属于 1 级建筑物。坝顶长度 634.77 m，坝顶高程 884.0 m，另设有 1.4 m 高的防浪墙，墙顶高程 885.4 m，最大坝高 156 m，坝顶宽 12 m。趾板建基高程 728 m，帷幕最大深度 110 m。

溢洪道位于右岸条形山脊，闸室段采用正堰，单孔露顶弧形闸门控制，孔宽 12 m，堰顶高程 860.00 m。溢洪道水平全长 520.5 m，泄洪时最大流速 42 m/s。

冲沙放空洞进口底板高程 770.00 m，位于引水隧洞进口段上游侧，出口位于溢洪道挑流段下游，洞径 4.4 m。冲沙放空洞水平全长 767.76 m，泄洪时最大流速 38 m/s。$1^{\#}$ 泄洪排沙洞和 $2^{\#}$ 泄洪排沙洞分别是由 $1^{\#}$ 导流洞、$2^{\#}$ 导流洞改造而成的“龙抬头”式无压洞。进口底板高程 800.00 m，洞身断面为马蹄形，洞径 10.7 m，泄洪时最大流速 46 m/s。

引水发电系统布置在右岸条形山脊中，包括进水口、4 条引水隧洞和地面厂房。进水口底高程为 800.00 m，引水隧洞洞径 8 m，洞轴线间距 22 m。主厂房尺寸为 125 m×25 m×54 m（长×宽×高），内置 4 台单机容量为 190 MW的水轮发电机组。发电厂房为 2 级建筑物，按 100 年一遇设计洪水设计，500 年一遇洪水校核。电站装机容量 760 MW，保证出力 16.8 万 kW，年发电量 34.176 亿 kW·h，年平均利用小时数 4 496 h。

紫坪铺水库

2008年“5·12”汶川特大地震中，紫坪铺水利枢纽工程与震中仅仅相距17 km，距中央断裂带地表破裂垂直距离大约为5.5 km。地震后，国家地震局将紫坪铺水利枢纽工程坝址区的地震基本烈度由原来的Ⅶ度提高到了Ⅷ度。地震瞬间，大坝的发电系统损坏，电站所有机组停机，江水无法正常通过机组，岷江断流。大坝坝顶、坝坡等处出现了不同程度震损。另有枢纽其他部位遭到不同程度损坏。虽然大坝在地震中遭到局部不同程度损坏，但经过水利部专家对大坝受损情况的实时监测和评估，认为大坝主体稳定安全。震后道路严重塌方，紫坪铺水库宽阔水面形成一条水上生命救援通道。震后不到几天，紫坪铺水电站就率先恢复发电，确保了下游地区在非常时期的供水和供电安全，以及下游1 000多万人口在紧急状态下的人心稳定。这也说明了大坝选址科学、设计合理、施工质量优良。经灾后重建修复后，枢纽工程运行良好。

江垭水利枢纽工程全景

江垭水利枢纽工程

——湖南省规模最大的地下式厂房

江垭水利枢纽位于中国湖南省张家界市境内澧水一级支流娄水干流中游，下距慈利县江垭镇 5 km，距离慈利县城 57 km，是根治澧水洪灾的关键性工程项目，也是我国“九五”重点工程，被列为水利部和湖南省重点工程。工程以防洪为主，兼有发电、灌溉、航运、供水、旅游等综合效益。

该工程于 1993 年 6 月批准立项，1994 年开始施工准备，同年 12 月底实现大江截流。1995 年 7 月主体工程正式开工，1999 年 12 月 3 台机组全部投产发电，截至 2000 年工程基本完工。

坝址控制流域面积 3 711 km^2，占全流域面积的 73%，多年平均流量 132 m^3/s，实测最大流量 6 630 m^3/s，历史最大洪峰流量 10 000 m^3/s。水库总库容 17.4 亿 m^3，防洪库容 7.4 亿 m^3，灌溉农田 8.5 万亩，改善航道 124 km，为 5 万余人提供生活用水。

江垭水利枢纽工程由大坝、通航建筑物、发电系统和灌溉取水系统等组成。大坝为全断面碾压混凝土重力坝，最大坝高 131 m，坝顶高程 245 m，建基面高程 131 m，是当时世界上已建和在建最高的碾压混凝土重力坝，坝顶长度 327 m，混凝土总量 130 万 m^3。大坝中部设有中孔和表孔联合泄洪。

江垭水库拥有目前湖南省内规模最大的地下式厂房，厂房位于右岸坝头的山体内。主厂房为城门洞形，最大净高 47 m。发电系统由 3 条引水隧洞、地下厂房和尾水洞组成。厂房内安装 3 台 10 万 kW 混流式机组，总装机容量 30 万 kW，多年平均年发电量达 7.56 亿 kW·h。

澧水是长江流域洪灾最严重的河流之一，且全流域无防洪控制性工程，历史上曾多次发生严重洪灾，给两岸人民带来了深重灾难。仅 1935 年洪灾，水流量高达 3.03 万 m^3/s，作为 20 世纪同类河流出现的最大洪水，造成了 3.3 万人死亡。1992 年 10 月，水利部和湖南省政府签订了联合治理开发澧水流域协议，双方商定各投资 50%进行澧水流域综合治理，实现全流域滚动开发。江垭水利枢纽工程作为根治澧水洪灾的关键性工程，建成后使水库下游地区防洪标准提高至 20 年一遇，使用超蓄库容，可使下游洪峰流量削减至 30 年一遇，大大缓解了澧水下游及洞庭湖区的防洪压力，减少长江中、下游洪灾损失，对缓解湘西地区供电不足问题和改善电网供电质量具有明显的作用。同时，江垭水利枢纽与武陵源旅游区连为一体，为张家界国家森林公园提供了新的旅游景点，为国家 4A 级景区。大坝巍然耸立，腰斩烟波浩渺的溇水，其“高峡出平湖”的壮丽景观是景区中一道亮丽的风景线，具有“山得水而活，水依山而幽；山得林而妍，林因山而茂；景随俗而丽，俗由景而魅”的特点，吸引了更多的游客到张家界观光旅游，对当地经济发展起到了重要的推动作用。

临淮岗水利枢纽全景

临淮岗水利枢纽工程
——淮河流域最大的水利枢纽

临淮岗水利枢纽工程(也称临淮岗洪水控制工程)位于“七十二水汇正阳”淮河干流中游正阳关以上 28 km 的临淮岗,跨河南、安徽两省,涉及河南省固始县和安徽霍邱、颍上、阜阳 4 县。该工程是中国治淮 19 项骨干工程之一,也是国家“十五”计划的重点项目,具有防洪、除涝、水资源优化配置、灌溉、航运、旅游等综合效益,是目前淮河流域最大的水利枢纽。

工程于 2001 年底正式开工,2003 年 11 月提前一年成功截流,2006 年 6 月主体工程竣工验收。控制流域面积 4.22 万 km^2,为大(Ⅰ)型一等工程,按 100 年一遇洪水标准设计,滞洪 85.6 亿 m^3,按 1 000 年一遇洪水标准校核,滞洪 121.3 亿 m^3。在设计洪水情况下,滞蓄库容可达 85.6 亿 m^3。

枢纽建筑物主要包括主坝、南北副坝、引河、船闸、进泄洪闸等。临淮岗大坝全长 77.51 km,堪称“世界第一坝”。主坝长 8.54 km,坝顶宽 10 m,坝顶高程 31.7 m。南副坝为均质土坝,坝长 8.41 km,坝顶宽 6.0～8.5 m,坝顶高程 32.25 m,最大坝高 11.0 m。北副坝长 60.56 km,坝顶宽 6.0 m,坝顶高程 32.21～32.95 m,坝顶设 4.5 m 宽的泥结碎石防汛路面。

进泄洪闸包括 49 孔浅孔闸、12 孔深孔闸和 14 孔姜唐湖闸,是临淮岗洪水控制工程的关键工程之一。49 孔浅孔闸设计洪水位 28.21 m,闸下设计洪水位 26.75 m,与其他泄水建筑物共同控制下泄洪水流量 7 362 m^3/s。12 孔深孔闸位于主坝上,单孔净宽 8 m,在原深孔闸与 49 孔浅孔闸之间,坝上设计洪水位 18.41 m,坝下设计洪水位 26.75 m。14 孔姜唐湖闸,位于老淮河主槽与 49 孔浅孔闸间的主坝上,每孔净宽 12.0 m,闸孔总宽 196.82 m,设计进洪流量 2 400 m^3/s。

临淮岗水利枢纽进泄洪闸

临淮岗水利枢纽局部图

临淮岗水利枢纽厂房

船闸包括临淮岗船闸、城西湖船闸等。临淮岗船闸沟通了淮河上下游航运，航道等级Ⅳ级，500 t 级，闸室为 130 m×12 m。城西湖船闸，航道等级Ⅵ级，100 t 级，闸室为 108.65 m×8 m。

临淮岗工程的建成，在治淮历史上具有里程碑的意义，改写了淮河流域饱受洪涝灾害的历史。作为淮河上最大的水利枢纽工程，它与长江三峡工程、黄河小浪底工程一同并称为中国三大水利工程。它将淮河中游正阳关以下淮北大堤、淮南、蚌埠等主要防洪保护区防洪标准提高到 100 年一遇，保护相关地区不被洪水所危害。当淮河遇洪时可避免向淮北分洪，大大减少两岸淹没面积，有效保护铁路、公路等重要交通干线的安全，为煤矿、电厂防洪安全以及淮河中下游广大地区的国家集体财产、工农业生产和人民生活提供保障，减少了资产损失。同时，工程的防洪减灾效益也十分显著，项目经济效益费用比高达 1.26，对完善淮河流域防洪体系，保障区域经济、社会的稳定和发展具有重要作用。

临淮岗水库大坝作为国家 4A 级景区，大力发展了当地的旅游产业，2009 年，水利部正式将其批准为国家级水利风景区。堤坝下面的淮河，天水一色，奔流千里，映衬出“千里长堤锁淮水，万斤大闸斩蛟龙”之景。在发展旅游经济效益的同时，临淮岗水利枢纽工程也为淮河流域全面建成小康社会、促进人口资源环境与社会经济协调发展提供了重要保证，为淮河两岸新一轮的蓬勃崛起注入无穷的活力。

黄河沙坡头水利枢纽全景

黄河沙坡头水利枢纽工程

——我国第一座大型贯流式灯泡机组电站

黄河沙坡头水利枢纽工程位于黄河干流宁夏中卫市境内，距银川市200 km，距中卫县城20 km，被列为2000年西部大开发新开工建设的十大工程之一，也是宁夏回族自治区“十五”期间的一项重点水利工程。枢纽的主要任务以灌溉和发电为主。工程于2001年底开工，2004年3月下闸蓄水，2005年5月主体工程全部完工，总投资12.8亿元。

坝址总控制灌溉面积134万亩，设计灌溉面积87.7万亩，设计洪水标准为50年一遇，洪峰流量6 550 m^3/s，校核洪水为500年一遇，洪峰流量7 480 m^3/s。枢纽总库容2 600万m^3，总装机12.03万kW，设计年发电量6.06亿kW·h，属于大(Ⅱ)型二等工程。

沙坡头枢纽主要由河床电站、泄水闸、干渠渠首电站、泄水孔及副坝组成。河床电站为低水头径流式电站，采用贯流式灯泡机组，正常蓄水位 1 240.5 m，死水位 1 236.5 m，调节库容 950 万 m^3，可参加短时调峰。枢纽总装机 12.15 万 kW，其中河床电站 4 台，单机容量 2.9 万 kW，两岸渠首电站各装 1 台，北干电站单机 0.25 万 kW，南干电站单机 0.3 万 kW。枢纽电站年发电量为 6.06 亿 kW·h，发挥了较好的社会和经济效益。河床泄洪闸共 6 孔，孔口尺寸为 14 m×14.5 m。南北干渠渠首电站各设有泄水孔 1 条，在电站机组运行受阻时，可保障干渠正常引水，进口尺寸为 2.5 m×3.5 m，出口尺寸为 2.5 m×3.0 m，南干渠还设有泄水孔岔管，在非引水期，利用岔管放水，以保证引渠畅通。电站坝段坝顶长 867.65 m，最大坝高 37.6 m。左岸土石混合式副坝长约 1 000 m，副坝高 15.1m，坝顶高程1 242.6m，坝顶总长 1 369.45 m。

坝址处黄河宽约 165～225 m，右岸为山地，坡度较陡，左岸为平坦的一级阶地，河水主流偏右岸，主要建筑物中的河床电站和泄洪闸均布置在主河槽上。枢纽采用明渠导流，洪水标准 10 年一遇，洪峰流量 5 860 m^3 /s。明渠位于左岸，底宽 70 m，两侧开挖边坡为 1∶2.0，纵坡为 1‰，渠底高程为 1 227.0～1 228.0 m，全断面采用 0.3 m 厚混凝土衬砌，进口用混凝土预制块、铅丝笼块石保护，出口设消力池。

黄河沙坡头水利枢纽工程开启了卫宁平原有坝引水的新纪元，改善了区域的生态与环境、统筹解决了灌区城乡供水和农业灌溉问题、提高了水资源调控和供水能力的保障、促进了地方经济社会发展，产生了巨大的经济效益与社会效益。截至 2020 年，其累计输送清洁能源 90.24 亿 kW·h，累计灌溉引水 86.44 亿亩，成了集灌溉、发电为一体的具有保障供水及能源的综合水利工程。沙坡头水利枢纽的建成也改善了周边地区的生态环境，昔日黄沙漫漫的沙坡头如今已是“绿进沙退”的国家 4A 级旅游风景区。曾经以治沙而闻名于世的沙坡头，因有绿洲的点缀而美丽；如今，黄河沙坡头水利枢纽也为沙坡头更添一份壮丽与荣光。“天下黄河富宁夏”的历史篇章，将在这里续写新的辉煌。

万家寨水利枢纽全景

万家寨水利枢纽工程

——山西省最大的水利工程

万家寨水利枢纽工程位于黄河北干流托克托至龙口河段峡谷河段内，其左岸隶属山西省偏关县，右岸隶属内蒙古自治区准格尔旗，是黄河中游规划开发的8个梯级中的首个工程，也是山西省引黄入晋工程的起点。工程的主要任务是供水结合发电调峰，同时兼有防洪、防凌等综合效益。

工程于1994年开工，1995年12月成功截流，1998年10月1日下闸蓄水，11月28日首台机组并网发电，2000年主体工程完工，全部机组发电，2002年6月29日竣工验收。坝址控制流域面积39.5万 km^2，水库总库容8.96亿 m^3，调节库容4.45亿 m^3；电站装机108万kW，年发电27.5亿kW·h。

万家寨水利枢纽工程由拦河坝、泄水建筑物、坝后式厂房、开关站、引黄取水口等组成。拦河坝为混凝土半整体式重力坝，采用低热微膨胀水泥筑坝。坝顶高程 982 m，坝顶长 443 m，顶宽 21 m，上游坡比 1∶0.15，下游坡比 1∶0.7。泄水建筑物共设有 8 个底孔，4 个中孔，1 个表孔，5 个排沙孔。底孔为压力短管式无压坝身泄水孔，布置在河床左侧 5～8 号坝段，每坝段 2 孔，孔口尺寸 4 m×6 m，进口底坎高程915 m，采用弧形门。库水位 970 m 时，总泄量达 5 271 m^3 /s。中孔为压力短管式无压坝身泄水孔，布置在河床中部 9 号和 10 号坝段，每坝段 2 孔，孔口尺寸 4 m×8 m，进口底坎高程 946 m，采用平板门，总泄量 2 156 m^3 /s。表孔为开敞式溢流堰，布置在左侧 4 号坝段，孔口净宽 14 m，堰顶高程 970 m，担负排水和泄放超标洪水任务，当库水位 980 m 时，泄量达 864 m^3 /s。排沙孔为坝内置压力钢管，布置于河床右侧 13～17 号电站坝段，位于电站进水口下方，进口底坎高程 912 m。进口段尺寸为 2.4 m×3.0 m，设有平板检修闸门、事故闸门。

万家寨大坝

电站主厂房为坝后厂房，长 196.5 m，上部宽 27 m、下部宽 43.75 m，高 56.3 m，为解决抗滑稳定性问题，厂坝连接联合受力。电站引水压力钢管采用单机单管引水方式，单机引水量 300 m^3/s。厂房内置 6 台单机容量 18 万 kW 水轮发电机组，额定水头 68 m，最大水头 81.5 m，最小水头 51.3 m。

渠首为 2 条引水隧洞，采用分层取水结构物，洞径 4 m，洞中心线间距 12 m，单洞引用流量 24 m^3/s。取水口布置在拦河坝左岸 2 号和 3 号非溢流坝段上。引水时段内，水库最高库水位 980 m，最低库水位 957 m。

万家寨水库鸟瞰图

黄河北干流地区是中国严重缺水地区之一，年平均降水量不足500 mm。万家寨工程建成后，水库运行采用“蓄清排浑”的运行方式，每年向内蒙古和山西省供水 14 亿 m^3，向内蒙古准格尔旗供水 2.0 亿 m^3。引黄入晋工程从万家寨枢纽取水，年引水总量 12 亿 m^3，其中向山西平朔、大同供水 5.6 亿 m^3，向太原供水 6.4 亿 m^3。

引黄入晋是山西人民的生命工程，功在当代，泽被千秋，它大大缓解了晋蒙地区缺水问题，对解决两省和周边地区水资源短缺具有十分重要的战略意义。万家寨水利枢纽工程还优化了华北电网能源结构，对促进西北地区乃至北方地区经济社会的发展都具有十分重要的意义，对改善华北地区

万家寨水利枢纽开闸调洪排沙

电网运行条件起到重要作用。同时，工程建设过程中实施水土保持，极大地改善了枢纽施工区的生态环境。从曾经的“天高愁涧壑，荒边无树无鸟窝”到现在 8 万多 m^2 的绿地与 10 多万株油松、垂柳共同装点着的大坝厂房和生活区，黄河两岸的山坡呈现出一片花团锦簇、碧波荡漾的独特风景。

江西大坳水利枢纽全景

江西大坳水利枢纽工程
——江西省首家国家一级水库管理单位

江西大坳水利枢纽工程位于江西省上饶市上饶县的信江一级支流石溪水中游，闽、浙、赣三省交界的武夷山脉北部的五府山下，距上饶市区 46 km，是江西省“八五”重点工程、大(Ⅱ)型水利枢纽工程。工程主要任务以灌溉为主，兼有发电、防洪、供水、旅游、养殖等综合效益。

工程于 1995 年 12 月开工，1999 年 6 月下闸蓄水，2000 年 5 月 30 日 2 台机组投产发电。坝址控制流域面积 390 km^2，多年平均降水量 1 983 mm，坝址多年平均径流量 5.67 亿 m^3，设计灌溉农田 34.33 万亩。大坳水库总库容 2.757 亿 m^3，正常蓄水位 217 m，死水位 197 m，防洪限制水位 217 m，防洪高水位 217.6 m，设计洪水位 217.85 m，校核洪水位 220.52 m，设计灌溉面积 34.33 万亩。枢纽按照 100 年一遇洪水设计，2 000 年一遇洪水校核。

枢纽建筑物主要由大坝、岸边溢洪道、闸室、放空洞、引水发电隧洞、厂房等组成。大坝为混凝土面板堆石坝，利用软岩料填筑主坝堆石体，最大坝高 90.2 m，坝顶总长 423.75 m。左岸布置岸边溢洪道，采用异形挑流鼻坎消能，全长 263 m，两孔每孔净宽 8 m，最大泄流量 1 846 m^3/s。工程采用放空洞和施工导流洞结合的方式，放空洞布于左岸，全长 314 m，其后部由施工导流洞改造而成，引水系统布置于右岸，采用两机一洞布置形式，隧洞直径5 m。引水工程的取水点布置在水库坝区 1.5 km 内，采用塔式分层取水方式。

大坳水库

电站厂房布置于右岸山脊下游，总装机容量 40 MW，多年平均发电量 9 082万 kW·h以上，工程总投资 3.54 亿元。

大坳水利枢纽建成以来在防洪、灌溉、发电、养殖和航运等方面，一直发挥着巨大的综合效益，使下游防洪标准由 5 年一遇提高到 20 年一遇。其主管单位 2009 年通过了水利部水利工程管理考核验收，成为江西省首家国家一级水库管理单位。同时，大坳水电站也是江西省内首个应用全微机监控系统技术的电站。电站采用分层分布开放式系统结构，工业以太网连接，所选设备性能稳定可靠，软件功能齐全，操作简便直观，实现了工程运行管理自动化，提高了运行管理效率。

青铜峡水利枢纽工程

青铜峡水利枢纽工程

——中国唯一一座闸墩式电站

青铜峡水利枢纽工程(即青铜峡水电站枢纽工程)位于宁夏回族自治区的黄河中游青铜峡谷出口处,是中华人民共和国成立以来黄河梯级开发的第一期大型水利工程、国家"一五"计划开发建设重点项目,也是中国唯一一座闸墩式电站,被誉为"塞上明珠"。工程以灌溉为主要任务,结合发电、防凌、工业用水等综合效益。

工程于 1958 年 8 月开工,1960 年 2 月成功截流,1967 年 12 月第 1 台机组投产发电,土建基本竣工,1976 年 8 台机组投产并网发电,1993 年增加 1 台机组。枢纽工程定为二等工程,主要建筑物按 2 级建筑物设计。水库正常蓄水位 1 156m,总库容 6.06 亿 m^3,水库回水长度 45 000 m,面积

113 km^2，按计算经过 10 年后淤积即达到平衡，是具有日调节能力的径流式水电站。

青铜峡水利枢纽由大坝、闸墩厂房、副厂房、开关站、泄洪闸、灌溉渠道等组成。该工程河床闸墩带有排沙底孔，由 9 台机组和 7 个溢流坝相间组成，以土坝、混凝土重力坝与两岸相连，半露天式厂房布置在溢流坝闸墩内。大坝全长 687.3 m，最大坝高 42.7 m，坝顶高程 1 160.2 m，由 34 个不同断面的混凝土坝段组成，河东土石坝与坝肩相接。以东西两大灌溉总干渠为主体布置，电站采用闸墩式布置为核心。

青铜峡水利枢纽的输水工程由秦汉渠、唐徕渠、东高干渠三大灌溉渠道组成，灌溉面积 36.67 万 hm^2。灌溉渠首分设左、右两岸。左岸河西渠首引入河西总干渠（即清代开建的唐徕渠），引水高程 1 136 m，引水流量 400 m^3/s。右岸河东渠首引入河东总干渠（即秦渠和汉渠），引水高程 1 136 m，引水流量 100 m^3/s。上游高干渠，底坎高程 1 151 m，引水流量 24 m^3/s。

青铜峡水利枢纽局部图

挡水建筑物前沿总长度 591.85 m，自左至右为副厂房坝段，长 91.5 m，溢流坝与闸墩厂房坝段长 262.35 m，挡水坝段长 160 m，泄洪闸坝段长 42 m，右岸挡水坝段长 36 m。泄洪设施采用 7 孔溢洪道面流消能方式，堰顶高程 1 149.4 m。7 孔中 2 孔孔口尺寸为 14 m×8 m，剩余 5 孔孔口尺寸为 14 m×7.5 m，总计最大泄量 3 255 m^3 /s。泄洪闸共 3 孔，底坎高程 1 140 m，孔口尺寸 10 m×5.5 m，最大泄量 2 205 m^3 /s。共设 8 台机组，最大引用流量 1 860 m^3 /s。

青铜峡水电站闸墩式厂房为半露天布置，每个闸墩内安装 1 台竖轴转桨式水轮发电机组，总装机容量 30 万 kW，年发电量 13.5 亿 kW·h，大大缓解了西北地区的供电问题。

由于闸墩式电站布置，坝顶上部结构的梁系相应增加较多，采用了后张法的预应钢筋混凝土结构，以减轻其自重，加快安装施工。滚水坝下游的水力学衔接，采用了低鼻坎的面流水流形态，并在面流底水辊下部河床基岩表面设置了钢筋混凝土护坦。开关站采用高压母线分上下层双层布置，以缩小开关站占地面积。

青铜峡水利枢纽鸟瞰图

自投入运行以来，青铜峡水利枢纽充分发挥了拦河挡水、灌溉、防洪和发电综合效益作用。枢纽的兴建结束了宁夏灌区 2 000 多年无坝引水的历史，大大提高了渠道供水保证率，对这个地区的灌溉引水起着非常重要的作用。大坝合龙后，可控制宁夏回族自治区、内蒙古自治区等地的黄河凌汛，并使宁夏地区形成一个面积 1 000 万亩的黄河平原灌溉网和山区扬水灌溉网。距银川 80 km 的青铜峡峡谷出口处，扩灌面积最终达 700 万亩。青铜峡水库在帮助“塞上江南”变得更加美丽富饶的同时，库区内的景色也引人入胜。波光浩渺，洲滩林草葱茏，水鸟悠游，左岸山坡上古塔群“一百零八塔”巍峨耸立，现已被国家有关部门定为自然保护区，也是宁夏不可多得的游览胜地，青铜峡枢纽工程建设的主要现实意义与深远战略意义由此可见一斑。

江都水利枢纽全景

江都水利枢纽工程
——连接长江、淮河水系的大型水利枢纽

江都水利枢纽工程位于长江下游江苏省扬州市江都区境内，在京杭运河、新通扬运河与淮河入长江尾闾芒稻河交汇处，连接长江与淮河两大水系，是集调水、供水、灌溉、排水、通航、发电和改善生态环境等多项功能于一体的大型水利枢纽，也是江苏省江水北调和中国南水北调东线工程的起点站。

枢纽工程由 4 座大型电力抽水站、12 座大中型水闸、3 座船闸、2 座涵洞、2 条鱼道以及输变电工程、引排河道组成，其中 4 座抽水站共装有大型立式轴流泵机组 33 台套，装机容量 53 MW，设计抽水能力为 400 m^3/s，是目前我国乃至远东地区规模最大的电力排灌工程。

江都水利枢纽工程始建于1961年,1977年建成。工程抽引的长江水直接灌溉京杭运河及苏北灌溉总渠沿线,包括江都、高邮、宝应、淮安和阜宁等县(市)的20万 hm^2 水稻田。同时,通过淮安、皂河、刘山和解台等梯级泵站提水,为淮北输送抗旱用水。当苏北里下河地区受渍涝威胁时,江都排灌站可以抽排江都、高邮等5县(市)的涝水,降低圩区水位,确保圩堤安全和农业高产稳产。当淮河来水较多时,在满足灌溉排水和运河航运用水条件下,可利用有关节制闸启动江都3站可逆式机组发电(主泵呈发电机工况),其尾水可供里下河地区灌溉或排入长江。当京杭运河航运缺水和沿运河干线城镇缺水时,启动江都排灌站向运河补水,保证航运和城镇用水,甚至可把江水送至徐州市及连云港市。

江都排灌站中最大的四站厂房

工程自建成以来,年平均抽引江水158天,年均抽水量40亿 m^3,为苏北地区国民经济和社会事业的全面进步作出了巨大的贡献。党和国家领导人习近平、江泽民、朱镕基、温家宝、吴官正、杨尚昆、李先念等都曾先后来此视察,对工程给予了很高的评价,这里还先后接待了多个国家和地区的客人。

江都水利枢纽工程规划设计合理,施工质量优良,管理规范科学。1982年被评为全国优质工程,获国家金质奖。2001年被水利部确定为"国家水利风景区"。

江都排灌站

阿尔塔什水利枢纽工程鸟瞰图

阿尔塔什水利枢纽工程

——“新疆的三峡工程”

阿尔塔什水利枢纽工程位于新疆维吾尔自治区喀什地区莎车县霍什拉甫乡和克孜勒苏柯尔克孜自治州阿克陶县的库斯拉甫乡交界处，是新疆目前在建的最大水利枢纽工程，总投资 109.86 亿元，规划水库正常蓄水位 1 820 m，最大坝高 164.8 m，总库容 22.49 亿 m^3。电站总装机容量 755 MW，设计年发电量 22.6 亿 kW · h。2011 年 10 月 10 日，正式开工建设，2019 年 8 月 31 日大坝封顶。2019 年 11 月 19 日，阿尔塔什水利枢纽工程水库大坝下闸蓄水。

枢纽工程主要由拦河坝、泄水建筑物、发电引水系统、电站厂房、生态基流放水洞（生态电站厂房）等建筑物组成。该工程在保证向塔里木河生态输水的同时，具有防洪、灌溉、发电等综合利用功能，建成后可大大调节叶尔羌河径流在年内的分配。据介绍，该工程可有效控制上游山区洪水，结合规划堤防建设将下游重点防护对象的防洪标准从不足 20 年一遇提高到 50 年一遇，一般防护对象的防洪标准从 2.5 年一遇提高到 20 年一遇。工程可解决叶尔羌河流域灌区春旱缺水和灌区人民群众沉重的防洪负担，改变流域和南疆三地州电力短缺状况，改善塔里木河流域生态环境和叶尔羌河流域生态环境，推动流域和南疆三地州国民经济与社会可持续发展。

由于主体工程所在区域地形复杂，在设计、施工等方面需克服“三高一深”世界性设计施工难题。一般的水利工程，要么深覆盖层，要么高坝或者高边坡，只有一个难点，但阿尔塔什水利枢纽工程集中了所有的难点。因此，被业内专家称为“新疆的三峡工程”。为攻克这些技术难题，建设方依托众多科研机构和科研院校，确立了多项科研项目，对接应用最先进的施工技术和理念，进行联合攻关。大坝采取国内外罕见的高边坡开挖及支护处理，运用世界领先的高面板堆石坝技术。由于大坝坐落于软基上，下面是近百米深的覆盖层，坝基覆盖层与坝体总高度达 258.8 m，混凝土桩被打进 90 多米深的软基，工人们采用基础固结灌浆、砂砾石固结灌浆来减少基础沉降，让坝基更加稳定。工程下闸蓄水，意味着所有的技术方案在科研成果的支撑下，已经全部转化成工程实践，标志着新疆水利建设的科研设计水平达到了一个新的高度。

阿尔塔什水利枢纽工程的生态电站除发电功能，还兼顾保障坝址至主厂房之间原河道生态过流。2019 年，阿尔塔什水利枢纽工程建成鱼类增殖站，对塔里木裂腹鱼、宽口裂腹鱼等 6 种土著鱼类进行养殖繁育。2020 年 10 月上旬，阿尔塔什水利枢纽工程首次放流 10 万尾鱼苗，主要放流塔里木裂腹、斑重唇、宽口裂腹、厚唇裂腹 4 种新疆本土鱼苗，其中塔里木裂腹和斑重唇为自治区Ⅱ级水生野生保护动物，为恢复当地生态作出了贡献。

大源渡航电枢纽全景

大源渡航电枢纽工程

——第一个以电养航的航电枢纽工程

大源渡航电枢纽工程位于湖南省衡山县湘江干流上，距衡阳市 62 km，是湘江衡阳至城陵矶段千吨级航道中第一个以电养航的枢纽工程，也是交通运输部在内河进行“航电结合、以电促航”的试点工程。工程以渠化、提高航道等级、满足大型船队水上运输为主要任务，兼顾发电效益，同时满足防洪、灌溉和旅游等要求。

工程由混凝土闸坝、河床式厂房、船闸及土质副坝组成。坝址控制流域面积 5.32 万 km^2，多年平均径流量441 亿 m^3。水库正常蓄水位 50.00 m，库容为 4.51 亿 m^3，闸坝设计洪水标准为 50 年一遇，校核洪水标准为 500 年一遇。

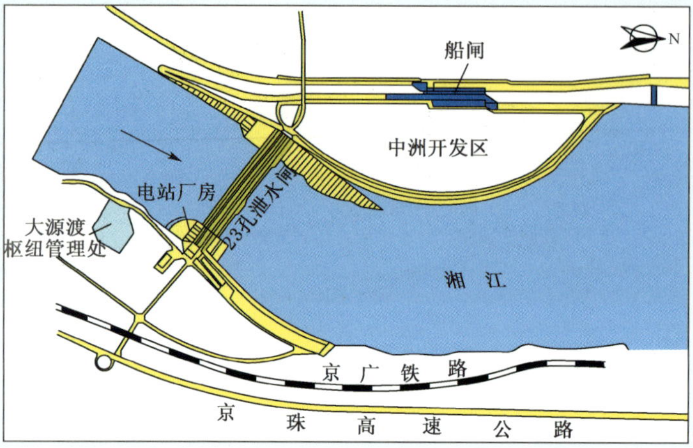

大源渡航电枢纽总体布置图

闸坝总长 533 m，共设 23 孔，露顶式弧形门，自动控制液压启闭。副坝最大坝高 32.5 m。电站最大水头 11.24 m，属中型电站。厂房布置于右岸，安装 4 台30 MW 灯泡贯流式水轮发电机组，总装机容量 120 MW，年均发电量 5.85 亿 kW · h；机组最大运行水头 11.24 m，最小运行水头 2 m，额定水头7.2 m。在多雨地区首次采用厂房活动屋盖(活动、手动)，尺寸为 10 m×15 m 和 30 m×15 m。电站清污机集清污、输污、拦污栅吊置于一体。船闸布置于左岸台地，单级船闸尺寸 180 m×23 m×3 m，运河全长 2 300 m，为凸岸裁弯取直。水库蓄水期断航时间为 45 天。

工程于 1995 年 12 月 20 日开工，1998 年 12 月底第 1 台机组并网发电、船闸正式通航，1999 年 10 月第 4 台机组发电，2000 年 5 月竣工，比原工期提前半年建成，当时创造了国内同等规模枢纽工程首台机组发电工期和施工断航期最短两项佳绩。

大源渡航电枢纽的建成，为湘江进一步开发利用提供了稳定的资金来源，也为内河航运发展多元化筹资树立了成功的典范。工程的正常运行，标志着我国在内河航运发展中实施的“航电结合、以电促航”的滚动发展战略取得了巨大成功。

大源渡航电枢纽船闸

群英水利工程全景

群英水库工程

——亚洲最高的砌石重力拱坝

群英砌石重力拱坝位于河南省焦作市西北修武县大河坡村北 500 m 处卫河支流大沙河上，坝下游 28 km 处有焦枝铁路和新济公路。工程以灌溉、供水为主，兼有防洪、发电和养鱼等综合效益。

工程由大坝、输水洞和溢洪道 3 部分组成。工程于 1968 年 11 月动工，1971 年 7 月基本建成。“75 · 8”洪水后，按1 000 年一遇标准进行校核，于 1976 年将大坝加高 5.5 m。1999 年 4 月至 2000 年 5 月，对工程进行了维修加固，分别完成了大坝左右坝肩灌浆治漏、防汛公路整修及管理设施配套等。

坝址控制流域面积 165 km^2。多年平均降雨量 650 mm，水库设计洪水位 481.75 m，校核洪水位 485.2 m，水库总库容 1 660 万 m^3，兴利库容 1 270 万 m^3，设计灌溉面积 0.4 万 hm^2，设计日供水量 4.8 万 m^3。电站原设计装机1 MW，后改造为 0.75 MW。

群英砌石重力拱坝坝址处山岭陡峻，河谷成 V 形，河床宽度为 27 m，地形基本对称，岩石较完整平缓。大坝为定圆心变半径浆砌石重力拱坝，坝顶弧长 154.28 m，坝顶中心角 80°，外半径 110.5 m，大坝坝顶高程490.5 m，最大坝高101 m，坝顶厚 4.5 m，坝底厚 52 m，厚高比为0.52，为世界同类型第一高坝。坝体上游面设混凝土防渗体，基础帷幕灌浆深度 40～50 m。大坝按 50 年一遇洪水设计，按1 000 年一遇洪水校核。坝顶设 7 孔 8 m 宽的溢流堰，溢流段总长65 m，采用挑流消能，最大泄量为 2 480 m^3/s。输水洞分上、下两级，均设在左岸，高程分别为412 m 和445 m，内径各为 1.0 m 和 0.8 m，出口设闸阀控制。

群英大坝

水库建成以来，经过各级领导和全体水利工程管理人员的共同努力，水库灌溉、供水效益显著，水利综合效益得到进一步发挥。1992 年依托群英水库组建了焦作市峰林峡风景名胜区，旅游业也得到了长足的发展。

石砭峪水库全景

石砭峪水库工程
——中国应用复合土工膜防渗加固最高的土石坝

石砭峪水库工程位于陕西省西安市长安区境内秦岭北麓的石砭峪河下游，距西安市 35 km，工程以灌溉、城市供水为主，兼有发电、防洪等综合效益。

工程于 1972 年开工进行导流洞及左岸主爆区和右岸副爆区的导洞、药室施工。1973 年 5 月 10 日进行了定向爆破，爆破方量 236 万 m^3，上坝方量 144 万 m^3，上坝率 60.7%，是当时中国装药量最大的定向爆破筑坝。1980 年基本建成，1981 年第一次蓄水。

坝址控制流域面积 132 km^2，多年平均径流量 9 700 万 m^3。水库总库容

2 810 万 m^3，有效库容 2 650 万 m^3，设计灌溉面积 1.12 万 hm^2，向西安市年供水 3 000 万 m^3；水电站装机容量 3 MW，年发电量 1 700 万 kW·h。枢纽主要水工建筑物按 3 级建筑物设计，设计洪水标准为 100 年一遇，校核洪水标准为 1 000 年一遇。

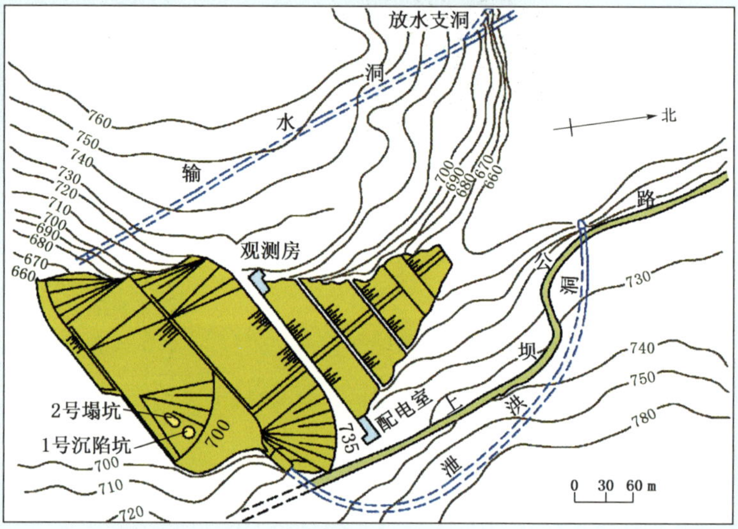

石砭峪定向爆破堆石坝平面布置

枢纽工程由大坝、输水洞、泄洪洞和两级水电站组成。大坝为定向爆破堆石坝，最大坝高 85 m，坝顶长度 265 m。坝体总量 208 万 m^3，其中定向爆破堆石坝体 144 万 m^3。沥青混凝土防渗斜墙采用不设排水层的简式断面，厚度按水头分别采用 32 cm、27 cm 及 22 cm。输水洞位于左岸，兼用于导流、灌溉、发电、供水和泄洪，为圆形压力隧洞，洞径为 4 m，设计最大泄量 192 m^3/s，灌溉引水流量10 m^3/s。泄洪洞位于右岸，为城门洞形无压隧洞，设计最大泄量为 808 m^3/s。

水库蓄水后曾于 1980 年、1992 年、1993 年发生渗漏，实测坝后最大渗漏量达 1.72 m^3/s，为此水库降低水位运行。坝后产生渗漏的主要原因是坝体人工填筑部分级配不良和右岸原坡积层在沥青混凝土斜墙铺筑时未予以清除，致使防渗斜墙发生裂缝及坍坑引起渗漏。工程于 2000 年 1—6 月对坝体浅层堆石体采取充填灌浆及沥青混凝土防渗斜墙表面铺设复合土工膜加固处理，取得了很好的效果，是我国用复合土工膜处理渗漏缺陷最高的大坝。

南水北调泗洪站

南水北调工程

——跨越水系最多的调水工程

南水北调工程，即从长江下游、中游和上游分三条线路（东、中、西）分别向北方调水的工程的总称，形成与长江、黄河、淮河和海河相互连接的“四横三纵”水网格局。三线工程最终建成后，初步计划年调水总量约为 380 亿～480 亿 m^3，接近于在黄淮海平原和西北部地区增加一条黄河的水量，基本改变我国北方地区水资源严重短缺的状况。

“南水北调”一词第一次见之于中央正式文献是 1958 年 8 月，中共中央在北戴河召开的政治局扩大会议上，通过并发出了《中共中央关于水利工作的指示》，明确指出：“除了各地区进行的规划工作外，全国范围的较长远的水利规划，首先是以南水（主要指长江水系）北调为主要目的的，即将江、淮、河、汉、海河各流域联系为统一的水利系统的规划。”在此之前的1952年10月30日，毛泽东在听取有关引江济黄的设想汇报时说：“南方水多，北方水少，如有可能，借点水来也是可以的。”

在党和政府的正确领导和关怀下，广大科技工作者持续做了50多年的南水北调科研工作，进行了大量的野外勘查和测量，在分析比较50多种方案的基础上，形成了南水北调东线、中线和西线调水的基本方案，获得了一大批富有价值的成果。工程在今后50年间分3个阶段实施，预计总投资将达4 860亿元人民币。

东线工程：利用江苏省已有的江水北调工程，逐步扩大调水规模并延长输水线路。东线工程从长江下游扬州抽引长江水，利用京杭大运河及与其平行的河道逐级提水北送，并且连接起调蓄作用的洪泽湖、骆马湖、南四湖和东平湖。出东平湖后分两路输水：一路向北，在位山附近经隧洞穿过黄河；另一路向东，通过胶东地区输水干线，经济南输水到烟台、威海。东线工程可为苏、皖、鲁、冀、津5省(市)净增供水量148亿 m^3。

中线工程：从加坝扩容后的丹江口水库陶岔渠首闸引水，沿唐白河流域西侧过长江流域与淮河流域的分水岭方城垭口后，经黄淮海平原西部边缘，在郑州以西孤柏嘴处穿过黄河，继续沿京广铁路西侧北上，可基本自流到北京、天津。中线工程可缓解京、津、华北地区水资源危机，为京、津及河南、河北沿线城市生活、工业、农业增加供水量约100亿 m^3，大大改善供水区生态环境和投资环境，推动我国中部地区的经济发展。

南水北调中线水源丹江口水库大坝

西线工程：在长江上游通天河、支流雅砻江和大渡河上游筑坝建库，开凿穿过长江与黄河的分水岭巴颜喀拉山的输水隧洞，调长江水入黄河上游。西线工程的供水目标主要是解决涉及青、甘、宁、内蒙古、陕、晋6省(自治区)

黄河上中游地区和渭河关中平原的缺水问题。结合兴建黄河干流上的骨干水利枢纽工程，还可以向邻近黄河流域的甘肃河西走廊地区供水，必要时也可相机向黄河下游补水。西线工程3条河调水约200亿 m^3，可为青、甘、宁、内蒙古、陕、晋6省(自治区)发展灌溉面积200万 hm^2，提供城镇生活和工业用水90亿 m^3。同时，能促进西北内陆地区经济发展和改善西北黄土高原的生态环境。

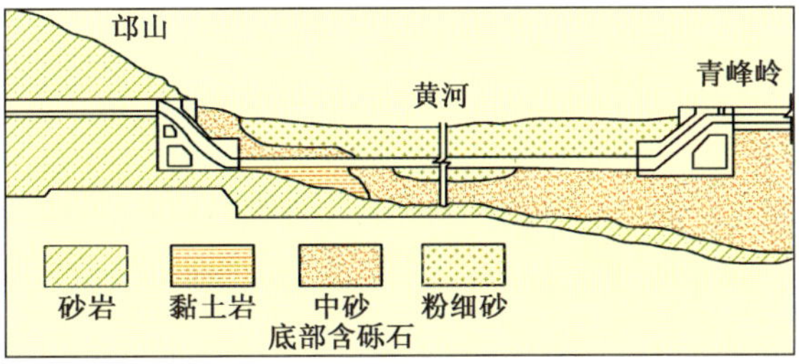

南水北调中线穿黄工程剖面图

规划的东线、中线和西线到2050年调水总规模为448亿 m^3，2002—2010年为实施南水北调工程近期阶段，总调水规模约200亿 m^3；2011—2030年为中期阶段，总调水规模约增加168亿 m^3，累计达到368亿 m^3 左右；2031—2050年为远期阶段，年总调水规模约增加80亿 m^3。

南水北调工程东线于2002年12月27日正式开工。中线穿黄工程于2005年9月27日正式开工，河南段2006年9月29日正式开工。目前，南水北调中线工程、南水北调东线工程(一期)已经完工并向北方地区调水。西线工程尚处于规划阶段，没有开工建设。

(1) 东线一期工程输水干线长1 467 km，主体工程由输水工程、蓄水工程、供电工程三部分组成，全线共设立13个梯级泵站，共22处枢纽34座泵站，总扬程65 m，总装机台数160台，总装机容量36.62万kW，总装机流量4 447.6 m^3/s，具有规模大、泵型多、扬程低、流量大、年利用小时数高等特点。东线工程创造了世界上规模最大的泵站群——东线泵站群工程，工程实施分三期，第一期工程共计增建泵站21座，第二期工程增建泵站13座，第三期工程增建泵站17座。工程建成后将成为亚洲乃至世界大型泵站数量最集中的现代化泵站群，其中水泵水力模型以及水泵制造水平均达到国际先进水平。

(2) 中线工程的重要内容就是对丹江口水库的大坝进行加高，输水工程以明渠为主，局部渠段采用泵站加压管道输水的组合，总干渠长1 432 km。

2014 年 12 月 12 日下午，长 1 432 km、历时 11 年建设的南水北调中线正式通水，长江水正式进京。水源地丹江口水库，水质常年保持在国家Ⅱ类水质以上，"双封闭"渠道设计确保沿途水质安全。通水后，每年可向北方输送 95 亿 m^3 的水量，相当于 1/6 条黄河。截至 2020 年 6 月 3 日，南水北调中线一期工程已经安全输水 2 000 天，累计向北输水 300 亿 m^3，已使沿线 6 000 万人口受益，其中北京中心城区供水安全系数由 1 提升至 1.2，河北省浅层地下水水位由通水前的每年上升 0.48 m 增加到 0.74 m。

2020 年 10 月 23 日，中国南水北调集团有限公司正式揭牌，暂定注册资本 1 500 亿元的这家新央企为国有独资。南水北调工程投资已超过三峡工程，成为世界最大的水利工程。

深圳水库全景

东深供水工程

——20世纪末世界最大的调水、净水工程

东深供水工程位于广东省东莞市和深圳市境内，是一项主要对香港，同时对深圳及工程沿线东莞城镇提供饮用水及农田灌溉用水的跨流域大型调水、净水工程。

输水工程全长83 km，取水口设在东莞市桥头镇珠江水系东江右岸。经太圆泵站提水后，由渠道引至司马泵站，再经渠道引至石马河及雁田水河。沿河逆向布置旗岭、马滩、塘厦、竹塘和沙岭5级拦河闸坝，并在马滩、塘厦、竹塘和沙岭闸坝附近设置4级泵站，使水流逆向沿石马河及雁田水河4级提升，经6 km雁田隧道及生物预处理工程后进入深圳水库。最后，由深圳水库左副坝放水，经4台装机1.6 MW的水电站及压力钢管送入香港。

输水工程于 1965 年 3 月建成投产，年设计供水量为 0.68 亿 m^3。随着香港及沿线城镇社会经济的发展，需水量不断增加。应香港特区政府要求，该工程在 20 世纪 70 年代、80 年代和 90 年代进行了 3 次扩建，年设计供水量增加到 17.43 亿 m^3，其中对香港年设计供水量为 11.00 亿 m^3，对深圳年设计供水量为 4.93 亿 m^3。

东深供水工程旗岭泵站

世界最大的 U 形渡槽

生物预处理工程又称生物硝化工程，位于输水工程末端深圳水库库尾，是东深供水工程的重要组成部分，于 1998 年 12 月建成投产。其作用是去除原水中以氨氮为主的多种污染物，为香港、深圳输送优质原水。该工程设计处理水量为 400 万 m^3/d，是 20 世纪末世界上最大的原水预处理工程。该工程主体——生物接触氧化池由 6 个有效长 270 m、宽 25 m、深 3.8 m 的过水池所组成，每个水池中布置 20 个长 12 m、宽 25 m、高 3 m 的填料方阵，采用弹性立体填料，池底布有穿孔管曝气装置，由 6 台风量为 555.6 m^3/min 鼓风机供气。在预处理池的右侧建有泄洪闸。

东深供水工程改变了香港地区长期严重缺乏淡水的困境。该工程供水量占香港总用水量的 80%左右，成为保障香港地区稳定和繁荣的一个重要因素，对深圳特区及东江—深圳沿线地区经济的快速发展也起着极其重要的作用。

引滦入津工程水源地潘家口水库

引滦入津工程

——跨流域引水的城市供水工程

引滦入津工程是将河北省境内的滦河水跨流域引入天津市的城市供水工程。水源地位于河北省迁西县滦河中下游的潘家口水库，在设计保证率75%时，向天津年供水10亿m^3。

工程于1982年5月11日开工，1983年9月11日建成通水，总工期16个月，为20世纪80年代中国大型调水工程高速度建设的典范。

工程由潘家口水库放水，沿滦河入大黑汀水库调节。引水枢纽为引滦入津工程的起点，引水隧洞穿越分水岭之后，沿河北省遵化市境内的黎河进入天津市境内的于桥水库调蓄，再沿州河、蓟运河南下，进入专用输水明渠，经提升、加压由明渠输入海河，再由暗涵、钢管输入芥园、凌庄、新开河3个水

引滦入津工程示意图

厂。引水线路全长 234 km。

工程由引水枢纽、引水隧洞、河道整治工程、于桥水库、尔王庄水库、泵站、输水明渠及其渠系建筑物等 215 项工程组成。

引水枢纽含入津、入唐 2 个水闸，引水流量分别为 60 m^3 /s和 80 m^3 /s，分别向天津市和河北省唐山地区输水。

引水隧洞及进出口工程总长 12.39 km，其中洞长 9.66 km。隧洞采用圆拱直墙型，净宽 5.7 m，净高 6.25 m，沿线穿过罕见的特大断层长达 212 m。为保证工程质量，工程借鉴当代地下工程设计、施工的先进经验，采用新奥法并结合实际的新型设计与施工工艺施工。

工程共整治河道 108 km，开挖输水明渠 64 km，修建倒虹吸 12 座、涵洞 5 座、水闸 7 座。

随着天津市经济发展与人民生活水平的提高，引滦入津主体工程迄今已逐步分流配水，扩大供水支干线 6 条，预应力混凝土管总长度达 414 km，新建泵站 8 座，年增供水量 2.58 亿 m^3。截至 2000 年，引滦入津工程已向天津输水 147 亿 m^3，发挥了巨大的社会效益、经济效益和环境效益。

引大入秦输水渡槽

引大入秦工程
——中国规模最大的跨流域调水自流灌溉工程

引大入秦工程是甘肃省跨流域调水的大型自流引水灌溉工程，将发源于青海省境内的大通河水调至兰州市以北约 60 km 的秦王川地区。工程主要用于安置甘肃省东部贫困地区 8 万移民和解决灌区内 40 万人民的生产、生活用水，改善秦王川地区的生态环境，逐步增加植被，在兰州市北部形成绿色屏障，具有明显的经济、社会和环境效益。

引大入秦工程于 1976 年开工建设，主体工程于 1995 年建成通水。工程设计年自流引水 4.43 亿 m^3，灌溉面积 5.87 万 hm^2，年增产粮食约 1.5 亿 kg。工程由引水渠首、输水渠系及其建筑物和田间配套工程组成，总干渠从天堂寺引水渠首到甘肃省永登县香炉山总分水闸，全长 86.94 km，设计引水流量与渠首进水闸相同。在香炉山总分水闸将水分至东一干渠、东二干渠和 45 条支渠流入灌区。东一干渠全长 52.66 km，设计引水流量 $14\ m^3/s$，灌溉面积 2.11 万 hm^2；东二干渠全长 53.62 km，设计引水流量 $18\ m^3/s$，灌溉面积 3.38 万 hm^2。

引水及输水建筑物布置在绵延的山岭地带，穿越崇山峻岭，输水线路长，支渠以上渠道总长度约 880 km；渠系建筑物多，且以隧洞群为主。

总干渠和干渠工程共有隧洞 71 条，总长度 110 km，所通过的地区自然条件十分恶劣，埋深大，岩石为软岩类，工程地质条件极为复杂，施工难度大。渡槽 38 座，其中东二干渠庄浪河高排架渡槽全长 2 194.8 m；倒虹吸 3 座，其中先明倒虹吸设计水头 107 m，全长 524.8 m，采用直径为 2.6 m 的双排钢管，其规模在 20 世纪 70 年代中期居亚洲第一。

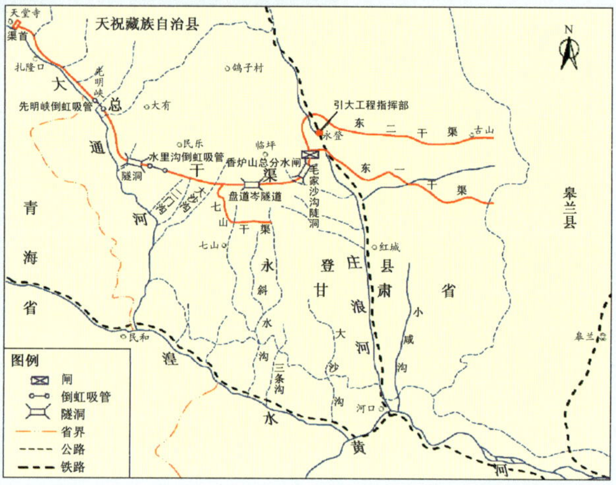

引大入秦工程平面图

工程开工后，曾受建设资金和施工技术条件限制，于 1980 年停工缓建。1985 年工程复工建设。自 1995 年建成通水以来，工程运行情况良好。截至 2000 年 12 月，灌区配套面积达到 3.33 万 hm^2，移民安置人数为 4.2 万人，取得了较好的经济、社会和环境效益。

临江泵站调节池

上海黄浦江上游引水工程

——中国最大的城市供水工程

上海黄浦江上游引水工程是提高上海市自来水厂原水水质的一项大型城市基础设施，也是中国最大的城市供水工程。工程规模为540万m^3/d，分两期实施，取水位置在黄浦江松浦大桥附近、女儿泾出流口的上游，是上海地区黄浦江水质较好的地段。工程于1994年7月开工，1997年12月19日建成通水，总投资26.6亿元。

主要工程包括取水和增压泵站、输水渠道、穿越黄浦江的大型过江钢管以及相应的供电、仪表、通信调度工程等。

(1) 大桥取水建筑物。由4座直径8 m、深8 m的钢筋混凝土圆筒形取水建筑物组成，设置在黄浦江江心，4根全长140 m、直径3.5 m钢管延伸到泵房吸水井。

(2) 泵站。包括大桥、临江、严桥 3 座主泵站，泵站主要构筑物有泵房、调节池、调压池、闸门转换井和 35 kV 变配电间等。还有进入各水厂的调节提水泵站 7 座，总设计能力 364 万 m^3 /d。

(3) 过江管。共有 3 处，在黄浦江江底通过。其中，临江过江管内径为 4 m，长 720 m，设计输水量 310 万 m^3 /d；杨浦水厂段过江管内径 3 m，全长约 1 200 m，包括过河段约 600 m，设计输水量 140 万 m^3 /d；南市水厂段过江管内径 3 m，全长 1 120 m，设计输水量 90 万 m^3 /d。

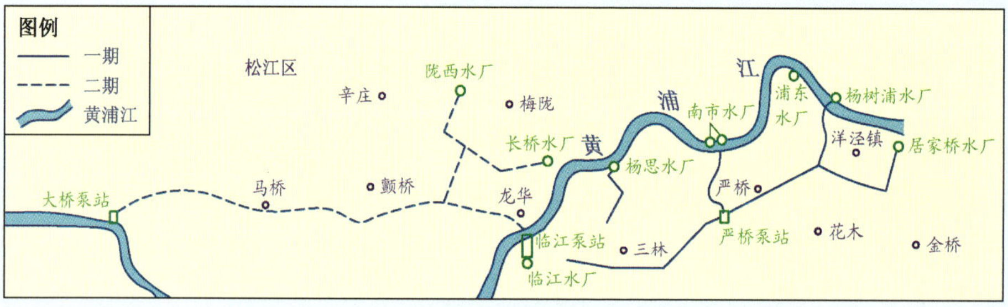

上海黄浦江上游引水工程示意图

(4) 渠道。输水干线为现浇钢筋混凝土暗渠，干渠总长约 40 km，沿线设置透气井、溢流井、检修井和排水管等。

(5) 供电和检测调度通信工程。3 座泵站供电电源均为 2 路 35 kV 进线同时供电，通信检测实施统一调度。

黄浦江引水工程在建设过程中，实施了多项新技术措施，主要有：大体积钢筋混凝土添加粉煤灰技术；大容量水泵(单台泵容量 1.6 MW)采用的大功率串级调速装置和同步电机失步再整步技术；大口径钢管的水下顶进技术，大口径橡胶活接头技术，大型矩形断面的超声波流量计量技术以及 PLC 通信调度和检测系统等。

黄浦江引水工程的实施，取得了显著的社会和经济效益。取水点上移后，上海市供水水源水质得到很大改善，基本上可达国家规定的Ⅲ级水源水质标准。

大伙房水库

大伙房水库输水工程

——辽宁省"生命线"工程

大伙房水库输水工程包括从辽东向抚顺大伙房水库调水的一期工程和从大伙房水库向受水城市输水的二期工程，其中一期工程的输水隧道长85.3 km，直径8 m，当时是世界上在建的最长隧道。一期工程于2003年3月开工建设，二期工程已于2006年9月19日动工。

辽宁省是一个水资源严重短缺的省份，除东部地区外，其他地区都属于联合国规定的严重贫水区。该工程的主要任务是将辽东山区优质充沛水源调入大伙房水库，再由大伙房水库输水送到辽宁中部的沈阳、抚顺、辽阳、鞍山、盘锦、营口6市，以解决这些地区百年以来的用水问题。它还可以替代地下水，解决中部地下水超采和海水倒灌的问题。受益人口近1 000万人，被

大伙房水库一期工程施工现场

誉为辽宁省“生命线”工程。输水工程全部采用隧洞和管道封闭输水，送达6市的配水量近18亿m³。总长约231 km的输水管道穿越7条铁路、80条道路、22条河流、52条管道和26条光缆。

一期工程中的六河段，尽管全长仅有140 m，但因其埋深达63 m，且处于3条断层交汇带，岩石破碎，透水性极强，是整个大伙房水库输水工程地质条件最复杂的地段。鉴于该洞段开挖的复杂性和艰巨性，采用了超前预注浆和超前管棚的施工方案。施工中使用了世界先进技术进行地质超前预报，以掌握前方围岩的地质情况，先后完成超前预注浆钻孔及扫孔15 487延长米，管棚施工4 332 m，化解了围岩破碎、渗漏水严重带来的施工难题，成功处理了多起涌水、塌方等突发性地质灾害，在安全无事故的前提下，创造了世界上复杂地质条件下开挖隧洞的奇迹。

淮河入海水道淮安枢纽

淮河入海水道工程
——扩大淮河洪水出路的骨干工程

淮河入海水道工程位于江苏省淮安、盐城两市境内苏北灌溉总渠北侧，是承泄淮河、洪泽湖洪水的重要防洪工程，配合现有的入江水道、苏北灌溉总渠和分淮入沂等工程，可使淮河下游和洪泽湖大堤防洪标准近期达到100年一遇，远景达300年一遇。

洪泽湖是承泄淮河上中游15.8万km^2地区洪水的大型湖泊型水库，总库容176亿m^3，其下游洪水出路历来不畅。1949年后经过40多年的整治，其下游排洪能力已由8 000 m^3/s提高到13 000～16 000 m^3/s，但防洪标准仍不足100年一遇。若遇淮沂并涨，则只能防御约50年一遇洪水。20世纪80年代以来，随着淮河干流上中游河道整治工程的实施，茨淮新河工程竣工，特别是怀洪新河工程的投入运用，加快了洪水入湖进程，下游洪水出路不足的矛盾更加突出。为解决淮河下游洪水出路问题，提高洪泽湖防洪标准，确保下游地区 133 万 hm^2 耕地和近 2 000 万人口的安全，需要增建入海水道工程。

洪泽湖洪水出路示意图

淮河入海水道工程西起洪泽湖东侧二河口，沿灌溉总渠北侧与总渠成“二河三堤”布置，横穿江苏省淮安、盐城两市的 4 个县(市、区)及淮海农场，最后在扁担港北注入黄海，全长 163.5 km。工程分两期实施：近期工程按分泄洪泽湖洪水 2 270 m^3/s 设计，使洪泽湖的防洪标准提高到 100 年一遇，并且使渠北地区达到 5 年一遇洪水的排涝能力；工程远景按泄洪7 000 m^3/s 扩建，使洪泽湖防洪标准提高到 300 年一遇，同时使渠北地区达到 10 年一遇洪水的排涝能力。

入海水道近期工程主要包括河道堤防、泓道、枢纽、跨河桥梁、穿堤建筑物和渠北排灌影响处理工程等。近期工程河道南堤沿灌溉总渠北堤加高加固，北堤新筑。堤顶高程按设计洪水位加超高确定，其中南堤加超高 2.5 m，北堤加超高 2.0 m，顶宽均为 8 m。泓道分南北两泓，规模按渠北地区 5 年一遇洪水设计，除涝流量扣除渠北部分泵站抽排以及排入总渠的流量确定，并按高低水分排的原则布置；运西段按筑堤土方控制挖单一泓道，南泓排滩面涝水；运东挖南北两泓。水道与二河、京杭大运河、通榆河相交，最后注入黄海，相应建设二河、淮安、滨海、海口 4 处枢纽，另建有淮阜控制闸。

荆江分洪闸进洪闸纪念碑

荆江分洪工程

——保障荆江大堤安全的防洪工程

荆江分洪工程位于荆江南岸（右岸）湖北省公安县境内，用来分蓄超过荆江河道安全泄量的超额洪水，是保障荆江大堤安全的防洪工程，也称荆江分洪区。

长江自湖北省枝城镇至湖南省城陵矶段，全长 337 km，流经湖北省荆州地区，称为荆江。荆江大堤是长江河道的重点堤防之一。大堤保护面积广且堤身较高，万一溃决，广大的荆北平原将成泽国，还可能使长江断航，并且威胁武汉市的安全。为了减轻大堤防洪负担，于 1952 年修建了荆江分洪区。

分洪区面积为 920 km^2，南北长约 70 km，东西宽约 30 km，四面环堤，有效容积为 54 亿 m^3。围堤内设有临时安置房、仓库等用于临时避水和保存重

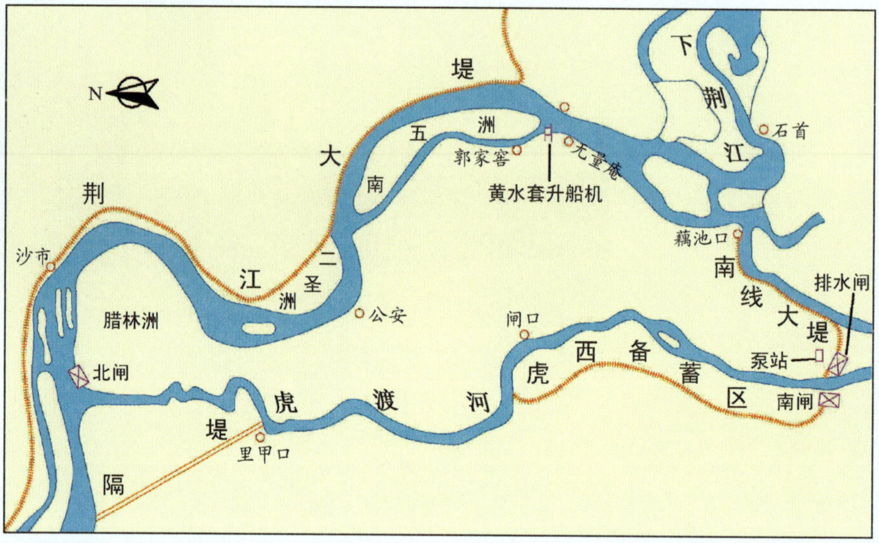

荆江分洪工程示意图

要物资，还有黄水套升船机一座、灌溉闸 10 余座、电排泵站 3 座。

工程主要有围堤工程、分洪闸、泄洪工程和节制闸等。

（1）围堤全长 211 km，为防风浪冲刷，区内沿堤植柳，南线大堤采用干砌块石护坡，其余植草护坡。

（2）太平口分洪闸也称北闸，最大设计流量为 8 000 m^3 /s。

（3）分洪区泄洪工程运行分两种情况：①分洪期间，当分洪区水位达 41 m、预报将超过 42 m 时，在无量庵堤扒口泄洪；②当分洪过程结束、分洪区水位不超过 42 m 时，待江水位下落，首先从无量庵江堤扒口泄入长江，剩余水量由南线大堤上两座泄洪闸泄入虎渡河。

（4）黄山头节制闸也称南闸。当分洪区水位达到 42 m 时，如果分洪区虎渡河东堤下段决口，将增加虎渡河流量，危及黄山头以下两岸圩垸安全，节制闸下泄流量不超过3 800 m^3 /s。

1954 年长江大水，荆江分洪工程先后开闸 3 次，共分洪 30 天。在分洪过程中，向虎渡河及长江泄放了部分洪水，保证了荆江大堤的安全。1954 年以后，分洪区未再使用。随着荆江堤防加培、裁弯工程等措施的实施，分洪区的运用机会比始建期有所减少。上游三峡水库建成并发挥防洪作用后，分洪区运用的频率从 10 年一遇提高到 100 年一遇。

太浦闸工程

治太骨干工程

——太湖流域治理及防御工程

太湖流域治理骨干工程简称“治太骨干工程”。由望虞河、太浦河、环湖大堤、杭嘉湖南排、湖西引排、武澄锡引排、东西苕溪防洪、拦路港、红旗塘、杭嘉湖北排和黄浦江上游干流防洪等 11 项骨干工程组成。工程以防洪、除涝为主,统筹考虑供水、航运和改善水环境等综合效益。

1991 年长江、淮河大水以后,国务院提出《关于进一步治理淮河和太湖的决定》,对太湖流域进行水利综合治理。规划的原则是统筹兼顾、综合治理、全面发展、分期实施。流域防洪以 1954 年实际降雨过程作为设计标准,该年最大 90 天降雨量约相当于 50 年一遇洪水;各水利分区防洪、排涝一般选用当地 20 年一遇的短期暴雨作为设计标准。流域供水以 1971 年实际降雨过程作为设计标准。

11 项治太骨干工程分为 3 类：第 1 类是以保障太湖洪水安全蓄泄为主要目标的工程；第 2 类是以地区排涝和引水效益为主，对流域防洪也有重要作用的工程；第 3 类是协调省（直辖市）际边界工程。其中，以保障太湖洪水安全蓄泄为主要目标的骨干工程，包括以下 4 部分。

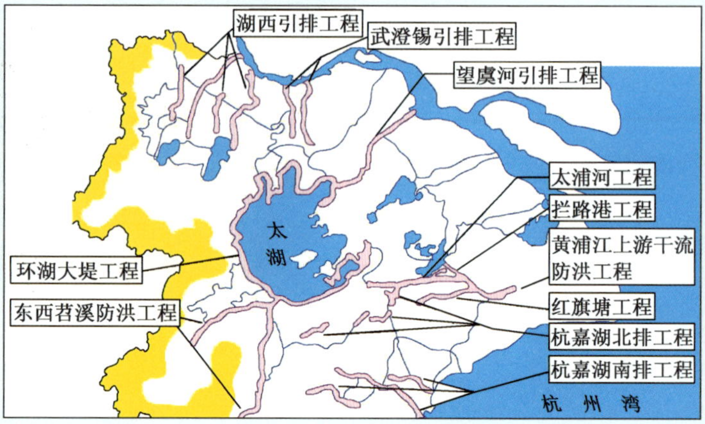

治太骨干工程分布示意图

（1）望虞河工程。南起太湖滨沙墩口，北至耿泾口入长江，全长 60.8 km，均在江苏省境内，为一等工程。主要包括河道工程、望亭水利枢纽和常熟水利枢纽。

（2）太浦河工程。西起太湖滨横扇街道，东接泖河，经斜塘入黄浦江，全长 57.6 km，其中江苏境内 40.73 km，浙江境内 1.63 km，上海境内 15.24 km，为一等工程。主要包括河道工程、太浦闸加固和太浦河泵站工程。

（3）环湖大堤。大堤全长 282.0 km，其中江苏段 217.0 km，浙江段 65.0 km。工程主要包括大堤土方、迎湖面挡墙和护岸、沿线口门控制建筑物和防汛公路等。

（4）杭嘉湖南排工程。属浙江杭嘉湖地区涝水排入杭州湾的工程体系，由沿杭州湾的 4 个出海口门建筑物（一等工程）及相应的河道工程（三等工程）组成：南台头闸，配套河道长 80 km；长山闸，配套河道长 75 km；盐官下河枢纽，由挡潮闸和泵站组成，配套河道长 25 km；盐官上河闸，配套河道长 23 km。

治太骨干工程在建设过程中，抗御了 1995 年、1996 年、1998 年的 3 次常遇洪水及 1999 年流域特大洪水，合计防洪减灾直接经济效益达 156 亿元。

除险加固后的独流减河进洪闸

独流减河

——治理海河水系的骨干工程

独流减河位于天津市西南，由人工开挖而成，其作用是宣泄大清河系洪水入海，确保天津市和津浦铁路的安全，减轻大清河中下游地区的洪涝灾害。因河流起点在独流镇附近，故名独流减河。

独流减河进口在大清河、子牙河汇流处的第六堡，向东南流入渤海，设计流量为 3 200 m^3/s。河道全长 67 km，自上而下可分 3 段：①自进洪闸至北大港上口，长 43.5 km，河底设计纵坡及水面坡均为 1/27200；②大港行洪道，长 17.8 km，设计水面坡为 1/14800；③港东入海道，长 5.6 km，设计水面坡为 1/8100。北大港的作用原是泄洪防潮，蓄淡灌溉，蓄水冲淤，由于后期厂矿建设占据了北大港的大部分，其作用已不能充分发挥。距进洪闸

18.5 km以下，河道内沿堤有南北两条顺堤深槽，北深槽内有一条航道沟，用以通航，并结合排泄东淀底水。大港行洪道及港东入海道两侧也均有深槽，大港行洪道北槽兼作航道，两深槽间为滩地，漫滩行洪。在减河入海口附近，南堤以南有大港油田和北大港水库；北堤以北有大港电厂和石油化工厂以及大港油田天然气田等。

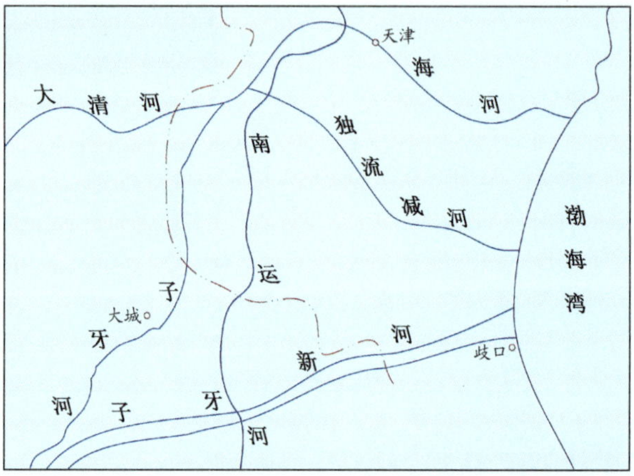

独流减河位置图

独流减河上口建有2座进洪闸，南、北两闸轴线相距约450 m。减河下口建有工农兵挡潮闸1座，设计流量为3 200 m^3/s。由于海河干流达不到原设计流量1 200 m^3/s，为确保天津市防洪安全，对海河干流按800 m^3/s整治，其余400 m^3/s改由独流减河增泄，因此独流减河设计流量由3 200 m^3/s增为3 600 m^3/s。为此，在1994年改建了工农兵挡潮闸，1995年按3 600 m^3/s标准加高加固了大港段北堤。规划抬高河道行洪水位，进一步采取措施，以达到3 600 m^3/s标准。

工程建成以来，对天津市防洪起到很大作用。进洪北闸1954年过闸最大流量为1 370 m^3/s，是建闸后最大过闸流量；1956年最大泄量为1 190 m^3/s；在1963年海河流域特大洪水中，北闸最大泄量为1 220 m^3/s，经由独流减河泄洪入海的泄洪总量达26.6亿m^3。在以上3个丰水年内，北闸3次超设计标准运用，经受了洪水的考验。进洪南闸1977年最大过闸流量为568 m^3/s，大大减轻了洪水对北闸的压力。

独流减河进洪闸经过四五十年的运行，出现了地面沉降、淤积严重、泄流不畅、抗滑和抗渗稳定不满足设计要求、设备老化等诸多问题。2005年4月6日，对进洪闸进行除险加固，工程于2007年底全部竣工。工程加固完成后，两闸的设计总泄流量增加到3 600 m^3/s，将在防洪、排涝、灌溉和供水等方面发挥更大的作用。

东平湖分洪闸

东平湖分洪工程

——南水北调东线工程最后一级蓄水湖

东平湖分洪工程位于黄河、汶河交汇处，跨山东省东平、梁山、汶上3县，用于滞蓄黄、汶河洪水，控制黄河艾山站下泄流量，确保济南市、津浦铁路、胜利油田和黄河下游堤防安全，是黄河下游防洪体系的重要组成部分，同时也是南水北调东线工程途经的最后一级蓄水湖。1855年，黄河改道夺大清河入海后，东平湖便与黄河连通，成为河湖不分的黄河自然滞洪区，民国年间始称东平湖分洪区。1958年汛后修建位山水利枢纽，将东平湖治理成以防洪为主的水库，并兼有灌溉、发电、水运、养殖等综合效益。后因位山枢纽以上河道淤积严重，1963年将该枢纽破坝报废，东平湖再次成为单一分洪工程。

分洪区总面积为 627 km^2,运用水位为 45.0 m,相应库容 33.54 亿 m^3。工程主要包括:围堤(含二级湖堤)、分洪闸和泄洪(退水)闸等。

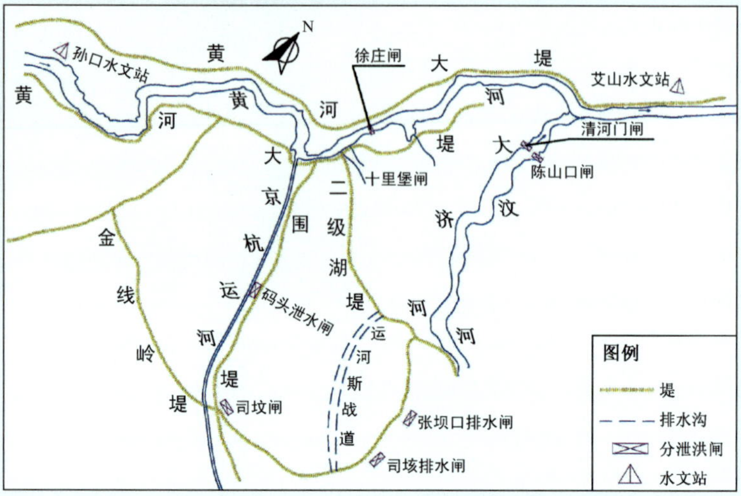

东平湖分洪工程位置示意图

(1) 围堤。共长 100.08 km,一般高 8～10 m,顶宽 10 m,临水坡 1∶3,有防浪干砌石护坡,背水坡 1∶2.5,有后戗(顶宽 4 m,边坡 1∶5)。二级湖堤全长 26.73 km, 20 世纪末按顶高程 48.0 m 进行加高加固,可将老湖蓄水水位提高至 46.0 m。

(2) 分洪闸。分洪区有分洪闸 3 座,石洼分洪闸向新湖分洪;林辛分洪闸和十里堡分洪闸向老湖分洪。总设计分洪流量为 8 500 m^3 /s。

(3) 泄洪闸。分洪区有陈山口、清河门和司垓 3 座泄洪闸,总设计流量为3 500 m^3 /s。

运用东平湖分滞洪水,首先是充分发挥老湖调蓄作用,尽量不用新湖,当老湖容量不足时,可新老湖联合运用。由于黄河河道淤积,湖水北排入黄困难,而当汶河洪量过大时,也可破二级湖堤全湖运用。当全湖运用后仍需南排时,需经国务院批准向南四湖泄洪。工程自建成后,分蓄黄河水两次(1960 年、1982 年),并且每年利用老湖蓄汶河水一次。南水北调东线工程规划利用东平湖老湖区蓄水后东平湖老湖将长期高水位运用,发挥蓄水、供水、调水和灌溉等多种功能,为缓解黄河以北和黄河下游水资源紧缺的矛盾发挥重要作用。

人民胜利渠取水口全景

人民胜利渠灌区

——中华人民共和国成立后黄河下游第一个大型引黄自流灌区

人民胜利渠灌区位于河南省北部，是中华人民共和国成立后在黄河下游兴建的第一个引用黄河水灌溉的大型自流灌区。灌区总控制面积 1 486 km^2，主要灌溉新乡、安阳、焦作等 8 个县（市、区）47 个乡镇的 9.8 万 hm^2 耕地。同时，还承担着新乡市城市供水和必要时向安阳、天津送水补源的任务。

工程设计流量 60 m^3/s，加大设计流量 85 m^3/s。工程于 1951 年开工，1952 年 4 月第一期工程建成。开闸放水当年受益，后经几次整修扩建，达到现有规模。1952 年 10 月 31 日，毛泽东主席亲临视察了人民胜利渠，并在视察途中发出了“要把黄河的事情办好”的伟大号召。渠首位于黄河北岸京广铁路黄河大桥以西 1 500 m 处秦广大堤上，对岸桃花峪为黄河中下游分界处，故人民胜利渠位于黄河下游的最上端。

灌区属暖温带大陆性季风气候，年平均气温 14℃，无霜期 220 天，年平均水面蒸发量1 300 mm，年平均降水量 620 mm。土质以轻壤土和中壤土为主，主要种植小麦、玉米、棉花、水稻和花生等。人民胜利渠开灌以来，发挥了巨大的经济、社会和生态效益。开灌前灌区旱涝灾害频繁，社会经济十分贫穷落后。开灌后旱、涝、碱、沙灾害得到综合治理，粮棉产量逐年提高，20 世纪末粮食产量平均每公顷 14 250 kg，棉花产量每公顷 1 125 kg，分别是开灌前的 10.7 倍和 5 倍，同时还利用黄河泥沙沉沙改土，把低洼荒凉的盐碱地改造成高产稳产的农田，先后淤改土地达 6 000 多 hm^2。

为了解决灌区耕地盐碱化的问题，从 1954 年开始，灌区逐步实施计划用水，推行井渠结合，建立了一套水盐监测、水量调配制度，开展盐碱地改良的科学研究工作。在引黄泥沙淤积问题上，采用沉沙池集中处理，并积极开展渠系调整，提高渠道输沙能力，把泥沙输到田间，既减轻渠道淤积，又提高土壤肥力，为黄河下游引黄灌溉开创了先例。20 世纪 90 年代以来，灌区开始进一步进行节水减淤的技术改造工程，以适应社会经济发展的要求。

人民胜利渠渠道

青铜峡水利枢纽全景

青铜峡灌区
——中国西北地区的塞外江南

青铜峡灌区位于宁夏回族自治区黄河冲积平原上，西依贺兰山，东濒鄂尔多斯台地，包括青铜峡、吴忠、灵武、永宁、银川、贺兰、平罗、石嘴山8个市(县)。

青铜峡灌区地势南高北低，黄河贯穿其中，水源丰沛，土壤肥沃，年平均降水量约200 mm，日照充分，适合发展灌溉农业。早在秦汉时期，当地就开渠引水灌溉农田，至今已有2 000多年的历史。中华人民共和国成立以后，对灌区进行了大规模的扩建改造。20世纪60年代中期建成了青铜峡水利枢纽工程，结束了长期以来无坝引水的历史。灌区设计灌溉面积为38.8万hm^2，农作物以水稻、小麦为主，兼种胡麻、甜菜等，为中国西北地区重要产粮区，被誉为“塞外江南”。

青铜峡水电站露天机组

灌区分河东、河西两大系统，河西总干渠从坝下引水，下分西干、唐徕、惠农、汉延四大干渠；河东灌区分高、低干渠，高干渠由坝上引水，低干渠由坝下引水，下接秦渠、汉渠。灌区存在的主要问题有：①灌溉用水量偏高，20 世纪 90 年代末以来，采取干渠防渗砌护，调整提高水费，推行计划用水及加强管理等措施，已收到显著成效；②银北地区处于灌区下游，排水不畅，地下水水位高，次生盐碱化影响产量，且还有大量可垦荒地。因此，在节约水源、提高单产和改变种植结构上都还有很大潜力。通过进一步改善排水条件，推行科学节水灌溉制度，加速盐碱地治理，将会为全自治区经济和农业的发展作出更大贡献。

韶山灌区水库枢纽全景

韶山灌区

——湘江流域中游丘陵地区以灌溉为主的综合利用工程

韶山灌区位于湖南省湘江流域中游的丘陵地区，灌溉湘乡、湘潭、宁乡、双峰、韶山、望城和雨湖 7 个县(市、区)约 2 500 km^2 范围内的6.67 万 hm^2 农田，是一个以灌溉为主，兼顾发电、航运、防洪、排涝及城镇生活用水等综合利用的大型水利工程。

灌区于 1965 年动工兴建，1966 年开始受益，1969 年配套工程全部完工。整个工程由水库枢纽、引水枢纽和灌区工程 3 部分组成。

水库枢纽位于涟水中游双峰县水府庙，由大坝、电站、船闸组成。控制流域面积 3 160 km^2，正常蓄水位 94 m，总库容 5.6 亿 m^3。大坝为砌石重力坝,由溢流段与非溢流段组成,最大坝高 35.8 m。电站装机容量为 4×7.5 MW。船闸为单线双级,设计年货运量 70 万 t。

引水枢纽位于水库枢纽下游 18 km 处湘乡市洋潭,由拦河引水大坝、电站和斜面升船机及进水闸组成。大坝以上控制流域面积 5 050 km^2(包括水库控制的 3 160 km^2)。正常引水位 66.5 m,相应库容 0.21 亿 m^3,大坝坝高 12 m,电站装机容量 3×0.5 MW。斜面升船机设计年货运量 12 万 t,最大通航船只 20~30 t 木船。

灌区工程包括渠道工程、渠系建筑物、提灌工程、防洪排渍工程和小型塘坝工程等 5 部分。灌区渠道分总干渠和南、北干渠,其中北干渠渠首设计进水流量 45 m^3/s。设计灌溉保证率为 89%,年平均灌溉供水 5.50×10^8 m^3。渠道上共有渡槽 26 座、隧洞 10 处,共长 12.5 km,其他大小渠系建筑物 2 300 多处。

灌区建成后,沿渠百万亩农田旱涝保收。与工程建成前相比,双季稻种植面积由 25%扩大到 95%以上,粮食每公顷产量由 3 600 kg 增加到 15 000 kg 以上。沿渠 1 万 hm^2 山岗丘陵地得到开发,涟水沿岸 1 万 hm^2 粮食和经济作物免受洪涝灾害。每年供给 30 余家工矿企业生产、生活用水4 500 万 m^3,降低企业生产成本 1 300 万元。灌区养鱼利用水面 8 700 hm^2。利用灌区水库和渠道水能资源建成中小型水电站 22 处,年发电量 1.4 亿 kW·h 左右。受益区的水果、生猪、湘莲、茶叶等农经产品产量大幅度增长。渠道绿化覆盖率达 100%,形成了乔木、灌木与草相结合的立体绿化格局,生态效益显著。

韶山灌区渠道

淠史杭灌区全景

淠史杭灌区

——中国丘陵地区灌溉面积最大的灌区

淠史杭灌区位于安徽省中西部江淮之间的丘陵地区，系淠河、史河、杭埠河 3 个毗邻灌区的总称，是一个以灌溉为主，兼有发电、航运、水产和城乡供水功能的综合利用工程。

淠史杭灌区范围涉及六安、合肥两市，灌区总面积为 13 130 km^2，其中丘陵区占 84%，平原区占 16%。灌区年平均降水量为1 006～1 104 mm，年平均蒸发量为 1 009～1 113 mm，年平均气温 14.9～15.7℃，无霜期 215～230 天。主要农作物为小麦、水稻。灌区于 1958 年开工，1959 年开始灌溉，以后逐年进行配套，设计灌溉面积达 73.3 万 hm^2，其中自流灌溉面积占 80%，提灌面积占 20%。到 2000 年，有效灌溉面积为68.3 万 hm^2。灌区有骨干渠道(总干渠、干渠、分干渠、支渠)349 条,总长4 730 km,渠系水利用系数 1999 年为 0.50。灌区灌溉面积和渠道设计引水流量见下表。

灌区灌溉面积和渠道设计引水流量

灌　区	设计灌溉面积(万 hm^2)	有效灌溉面积(万 hm^2)	设计引水流量(m^3/s)
淠河灌区	44.0	41.0	330
史河灌区	19.0	18.2	145
杭埠河灌区	10.3	9.1	105

灌区的主要水源工程是淠河上的佛子岭、磨子潭、响洪甸,史河上的梅山和杭埠河上的龙河口 5 个大型水库。5 个水库的设计总库容为 65.93 亿 m^3,兴利库容汛期为 20.7 亿 m^3,非汛期为30.15 亿 m^3。灌区内还有中型水库 24 座、小型水库 1 112 座、小型塘堰 21 万多处,总蓄水能力达 19.6 亿 m^3。这些工程不但对上游大型水库起到反调节作用,而且能调蓄当地径流,对灌区水量进行补给。此外,灌区内还有提水泵站 470 多处,总装机 75 MW,其中有补水站 39 处,每年可提取河、湖水 1 亿多 m^3,以补渠水之不足。

灌区内一景

灌区设管理委员会,其常设机构为淠史杭灌区管理总局。灌区内各县(市、区)设有管理所,负责各自境内的灌溉管理工作。

灌区水源库大坝之一磨子潭水库

灌区水源库大坝之一佛子岭连拱坝

黄河堤防

黄河大堤(临黄堤)
——黄河下游防洪工程体系的主要组成部分

黄河下游堤防工程,形成于春秋中期,到战国时已具相当规模。现黄河下游有各类堤防 2 291 km,其中临黄堤即通常所说的黄河大堤长 1 371.22 km。

临黄堤包括左、右两岸,是黄河下游防洪工程体系的重要组成部分,其保护范围约 12 万 km^2。

(1) 右岸临黄堤。右岸临黄堤长 624.24 km,自上而下分4 段:①孟津堤,自孟津牛庄至和家庙,长 7.60 km;②自河南郑州的邙山脚下,经中牟、开封、兰考及山东东明、菏泽、鄄城、郓城至梁山那里,长 340.18 km;③东平湖河段梁山至东平青龙山的10段河湖两用堤及山口隔堤，长19.32 km；④自济南郊区宋家庄经历城、章丘、邹平、高青、博兴至垦利区21户，长257.14 km。

(2) 左岸临黄堤。左岸临黄堤长746.979 km，自上而下分为：①自河南孟州中曹坡，经温县、武陟、原阳至封丘鹅湾，长171.05 km；②贯孟堤，自封丘鹅湾至吴堂，长9.32 km；③太行堤，自长垣大车集至苏东庄，长22.00 km；④自河南长垣大车集经濮阳、范县至台前张庄，长194.48 km；⑤自山东阳谷陶城铺经东阿、齐河、济阳、惠民、滨州至利津4段，长350.12 km。

大堤经历代加高培修而成，由于堤线长，加修频繁，又多系群众性施工，历次洪水时堤基往往出现严重的渗水或流土现象。堤防加固主要采取锥探压力灌浆、抽槽换土、加黏土斜墙和铺盖、反滤排水、修筑前后戗、放淤固堤等措施。自20世纪70年代以来，放淤固堤的方法得到大力推广，利用黄河水流含沙量大的特点，采用自流放淤、提水放淤、简易吸泥船放淤、泥浆泵放淤等措施，30年内共开辟淤区堤线755.6 km，对巩固黄河下游堤防起到了显著作用。经过加固处理后，大堤仍存在一些隐患和薄弱环节，如按2 000年一遇设计洪水位，部分堤防堤身断面不能满足渗透稳定要求；险工的坝垛大部分基础比较脆弱，根石坡度过陡，深度不足，稳定性很差，一遇较大洪水险情丛生，堤防溃决的可能性仍然存在；由于河床淤高，部分堤防堤顶高程不能满足2 000年一遇设计洪水的要求。

自2002年以来，水利部黄河水利委员会提出黄河下游标准化堤防建设，构筑防洪保障线、抢险交通线、生态景观线"三位一体"的标准化堤防体系，谋求黄河下游长治久安。通过险工控导加固改建、放淤固堤、堤防帮宽、堤顶硬化、防浪林等项目建设，构造维持黄河健康生命的基础设施，达到人与自然环境的和谐。

加固达标的北江堤(黄塘堤段)

北江大堤

——珠江三角洲的坚固防洪屏障

北江大堤位于北江下游左岸，是广州市防御西江和北江洪水的重要屏障，国家一级堤防。大堤北起清远市清城区石角镇的骑背岭，沿大燕水出北江干流南下，经三水区的大塘、芦苞、黄塘、河口、西南镇，至南海区小塘镇狮山止，全长 63.35 km，沿线分布穿堤涵闸 29 座，其中包括芦苞和西南两座大型

1954 年培修北江大堤

分洪水闸。

北江大堤保护区是历史上洪水经常泛滥的地区。中华人民共和国成立后,1954 年把原来独立分散的堤围沿北江左岸连接起来进行培修,1957 年修复芦苞水闸、增建西南水闸,形成了北江大堤完整的防洪体系。1970—1971 年对北江大堤进行了第二次群众性大培修。1982 年大洪水后,经鉴定发现,大堤防洪标准只达 20 年一遇,不能满足广州市 100 年一遇的防洪标准,于是在 1983—1987 年间对大堤按 100 年一遇防洪标准进行第 3 次较大规模的培修加固,工程完成后经受住了 1994 年 50 年一遇洪水的严峻考验。

北江大堤经 3 次大规模培修加固,其抗洪能力得到提高。但是,限于当时的社会经济条件和大堤本身的历史原因,工程仍存在以下问题:透水堤基渗漏严重,旧堤身填土质量差;河床下切,局部水流顶冲大堤,深泓逼岸,甚至淘刷堤脚,险工险段增多;穿堤建筑物运行已超过 40 年,设备陈旧、老化、失修,严重威胁大堤的防洪安全;大堤断面及其防护能力尚不能满足《堤防工程设计规范》(GB 50286—98)的要求,堤防及相应穿堤建筑物的等级需要提高,堤坡需要放缓,安全超高和堤顶宽度均需增加,防汛道路等基础设备需要完善;同时,芦苞、西南两分洪道年久失修,险工隐患多,河道淤积严重,不能满足原设计分洪要求,水环境日益恶化,已威胁沿岸部分人民的身体健康。

2003 年 10 月 29 日,由国务院批准立项的北江大堤加固达标工程正式开工,对北江大堤按 1 级堤防、100 年一遇防洪标准进行达标加固,全部加固工程于 2007 年底结束。达标后的北江大堤不仅成为名副其实的珠江三角洲的坚固防洪屏障,而且 63 km 的干堤也变成了绿色长廊,美化了沿线城市市容。

连云港西大堤

连云港西大堤
——中国最长的拦海大堤

连云港西大堤位于江苏省连云港市内东南 30 km 的连云区内，横跨东西连岛与云台山之间的峡道——连云海峡（又称鹰游海峡），由墟沟黄鹰嘴延伸至对岸的西连岛，是国家“七五”计划跨“八五”完成的重点工程项目，被称为“海上长城”“神州第一堤”。工程以港口防风挡浪、港口建设为主要任务，兼顾发展旅游业的综合效益。

大堤于 1985 年 3 月 10 日开工，1993 年 12 月 8 日胜利合龙。截至目前西大堤已经走过了 20 多个年头，西大堤为连云港港区提供了绝佳的天然屏障，把连岛与陆地相连，通过吹淤围填的方式填出大片土地，为港口的发展奠定了坚实有力的基础。

连云港西大堤建于连云港墟沟湾北侧平均水深－1～－2 m 的水下浅滩场上，总长 6.7 km，是我国最长的抛石体拦海大堤。大堤顶宽 12 m，路面净宽 10 m，堤身高出海平面 7 m，顶标高为＋9 m，堤上筑有 7.8 m 高弧形挡浪堤。其建设的主要目的是阻挡西北风浪，减轻涨潮时来自峡道东西两侧的潮流顶托作用，减少泥沙淤积。

大堤建成后，连云港的水面面积从原来的 3 km^2 增加到 30 km^2，为岸线匮乏的连云港港口增加了超过 8 000 m 的岸线，可供建设 40 多个万吨级泊位，使其成为一个半封闭式的超级港湾。

由于连云港地理位置特殊，港区底下厚达十几米的淤泥，使得修建拦海大堤工程异常困难。为了更好地建设连云港口，确立东方大港的地位，开发海岛资源，经过许多专家、学者近 20 年的科学研究、勘察、试验，克服了重重困难，最后经国务院批准动工兴建西大堤。西大堤的成功修建，也使得连云港——“新丝绸之路”上陆海联运的重要一站，以崭新的面貌登上世界经济舞台。

连云港西大堤的建成不仅是为了更好地开发利用海岛资源、控制泥沙淤积问题，而且还改善了周边地区的生态环境，开发了多种多样的旅游业，促进了经济发展。2014 年至 2015 年间，西大堤进行了改造出新，将车道扩展为 28.25 m 宽的双向四车道，路面也改造为沥青混凝土路面，增加了绿化带、人行道等基础设施，在改善了市民出行条件的同时，也为外来游客创造了良好的旅游环境。连云港码头的夜景华丽非凡，沿海 10 余 km 灯火辉煌，而西大堤就像一条跨海的金龙，信号灯斑斓闪烁、航标灯璀璨夺目。大海里船只雍容的灯影缓缓移动，渔火明灭，再加上对岸的万家灯火，组成了一个透明的水晶宫。

川江航道

川江航道
——中国西南地区通往东部的主要水运通道

长江上游四川省宜宾市至湖北省宜昌市全长1 045 km河段的航道，俗称“川江”。川江与金沙江及长江支流岷江、沱江、嘉陵江、赤水河和乌江等构成中国西南地区的水运网，成为西南地区通往华中、华东和沿海地区的主要水运通道。

川江航道历来以弯、窄、浅、险著称。川江上段宜宾至重庆 385 km 河段位于丘陵地带，河谷较宽阔，河段宽窄相同，枯水期滩上的表面流速一般为 3.0 m/s 左右，除少数几个险滩外，水流流态一般都比较好；川江下段（三峡航道）重庆至宜昌 660 km 河段，水位落差达 125 m，有险滩 139 处，威胁着长江三峡行船安全。

1949 年以后，我国开始对川江航道进行开发，共整治各类滩险 123 处。

葛洲坝水利枢纽工程于1981年截流运用后，常年回水区至香溪，长约70 km的航道得到了改善。经过综合整治，宜昌至重庆段航道尺度水深提高到2.9～3.2 m，航宽60 m，曲率半径750 m，枯水期大型客货船队可昼夜航行；重庆至宜宾段的航道尺度水深提高到2.7 m，航宽50 m，曲率半径560 m，枯水期可通航1 000 t级的驳船船队。

长江航道上的"指路灯"

川江航道整治是我国大型山区河段整治成功的范例，航道天险得到很大改善。由于滩险碍航的原因不同，因而整治方法也有差异。对于急滩，多采用清炸滩口航槽，扩大过水断面，并在其下游筑坝壅水，减小滩口比降和流速。或者利用急滩的形态，改对口为错口，可使船舶利用凸嘴上、下的缓流区，从一岸过渡到另一岸上航过滩。对于一岸险和一岸浅的弯道险滩，视河面宽窄情况，多采用在凹岸深槽的上半部建潜坝，减小深槽水深和单宽流量，或在凹岸上游建丁坝，将主流挑出，这样可使险和浅的问题同时得到解决。对于浅滩，采用整治与疏浚相结合的方法，建丁坝、顺坝缩窄河宽，集中并引导水流冲刷航槽，达到设计航深的要求，如浅区床面卵石结构紧密，需结合疏浚。

满载集装箱的货轮通过三峡航道

举世瞩目的长江三峡工程建成以后，库区回水可达重庆市以上60余km，川江约680 km的航道得到改善。数学模型和物理模型试验研究结果表明，万吨级的船队每年约有半年的时间可直达汉渝，下行运量能力可达5 000万t。但是仍存在坝区、回水变动区和库区支流壅水区的泥沙淤积对港口、航道的影响问题。

广州港全景

广州港

——华南地区的综合性主枢纽港

广州港位于珠江三角洲的广州市郊，是中国华南地区的综合性主枢纽港。

秦汉时代，广州港就已成为中国南方对外贸易的门户。唐代至清代的1 000多年间，除南宋和元代外，该港是中国对外贸易的首港。鸦片战争前广州港是中国唯一对外开放口岸，1842年成为五口通商之一。辛亥革命后，孙中山先生在其《建国方略》中提出在老广州港的下游黄埔建设南方大港的主张。1937年建成顺岸码头，长400 m，并浚深通海航道；1948年第二期工程建成长1 250 m的码头和仓库，成为可靠泊万吨级以下海轮的港口。中华人民共和国成立后，广州和黄埔两港分别成立港务局，并且大量改建、新建码头泊位。1987 年 12 月，两港合并，组成新的广州港。1999 年，全港货物吞吐量突破 1 亿 t，成为中国大陆第二个跨入世界亿吨大港的港口。之后，港口发展一年一大步，到 2006 年吞吐量达到 3 亿 t，全港集装箱吞吐量超过 665 万 TEU，港口货物吞吐量居全国沿海港口第 3 位，居世界十大港第 5 位。

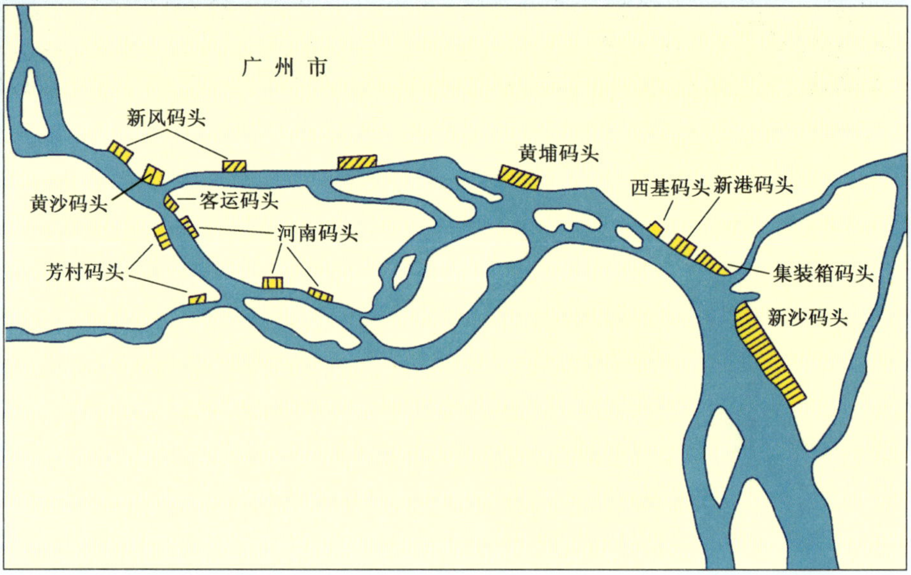

广州港平面布置示意图

广州港地处珠江三角洲河网地区，地势平坦。自珠江口桂山岛锚地到黄埔港区的航道长 114.5 km，水深 8.6～9.0 m，2.5 万 t 级船舶可乘潮进出黄埔港区。广州内港区出海航道分为南航道和东航道，其中南航道是主航道，水深4.5～7.0 m。广州港集团现有万 t 级以上泊位 46 个，万 t 级以上装卸作业浮筒 13 个，万 t 级装卸锚地 23 个(其中最大锚泊能力 30 万 t)。

广州港下辖内港港区、黄埔港区、新沙港区和南沙港区四大港区。

大连港全景

大连港
——中国东北地区最大的综合性海港

大连港位于辽东半岛南端的大连湾，东濒黄海，西临渤海，南隔渤海海峡与山东蓬莱遥遥相望。大连港是我国东北地区最大的综合性海港，有“北方明珠”之称。

大连港气候温和，冬季港区不结冰，是我国北方四季通航的天然良港。港区辽阔，陆域面积 8 km^2，水域面积 346 km^2，平均水深 10 m，最深处为 33 m。海湾沿岸无大河流入海，附近也无海域泥沙流影响，港内无淤积现象。

19 世纪以前，大连港是中国对外交通的重要口岸。1898 年，沙皇俄国强租旅大后，于 1899 年宣布大连港为自由港，并开始建商港。1905 年，日本占领大连后，继续扩建码头。1945 年，苏联红军接管大连港，并于 1951 年移交中国。经过扩建和新建，到 1999 年底，大连港有装卸生产泊位 73 个，其中万 t 级以上泊位 39 个，最大泊位为 10 万 t 级，另有万 t 级浮筒泊位 3 个，铁路专用线 146.1 km，输油管线 88.6 km。大连港公共装卸生产码头分布于 8 个港区。

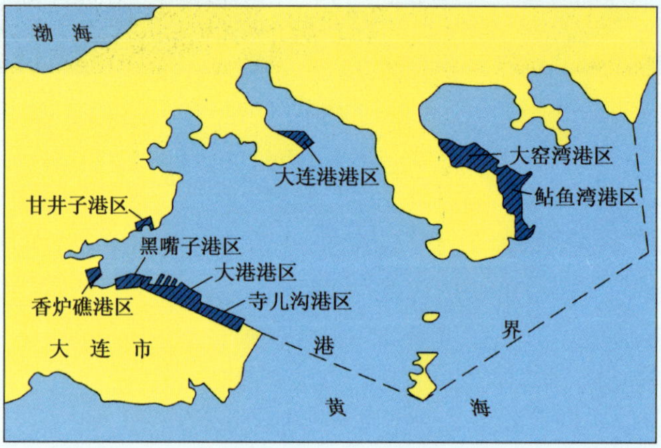

大连港港区示意图

(1) 寺儿沟港区。有栈桥式码头 4 座，装卸生产泊位 6 个，其中万 t 级以上泊位 4 个。

(2) 大港港区。有突堤式码头 4 座，顺岸码头 3 座，装卸生产泊位 22 个，其中万 t 级泊位 9 个。

(3) 香炉礁港区。有突堤式码头 2 座，装卸生产泊位 8 个，其中万 t 级以上泊位 2 个，5 000～7 000 t 级泊位 6 个。

(4) 甘井子港区。有钢栈桥式码头 1 座，装卸生产泊位 3 个，其中万 t 级以上泊位 2 个。

(5) 鲇鱼湾港区。有栈桥式原油码头 1 座和栈桥式成品油码头 2 座，其中原油码头有泊位 2 个，可停靠 30 000～150 000 t 级油轮；成品油码头有泊位 4 个，可停靠 3 000～50 000 t 级油轮。

(6) 大连湾港区。有深水泊位 5 个，可同时停靠 3 万 t 级船舶 3 艘。

(7) 大窑湾港区。共有深水泊位 8 个，其中集装箱专用泊位 5 个，可靠泊第四代、第五代集装箱船。港区拥有从新加坡引进的世界上最先进的 CITOS-1 计算机码头操作系统，具有年处理 300 万 TEU 的能力。此外，还有 2.5 万 t 级杂货泊位 2 个和 8 万 t 级散粮泊位 1 个。

(8) 黑嘴子港区。有6 000 t 级泊位 8 个。

天津港全景

天津港

——中国最大的人工海港

天津港位于渤海湾西岸海河入海口处，在京津城市带和环渤海经济圈的交汇点上，是中国最大的人工海港，也是华北地区重要的国际贸易大港。

天津港的历史最早可以追溯到汉代，自唐代以来形成海港。1860 年正式对外开埠，是我国最早对外通商的港口之一。塘沽新港始建于 1939 年，1949 年后经过 3 年的恢复性建设，于 1952 年 10 月 17 日重新开港通航。

天津港是在淤泥质浅滩上人工挖海建港、吹填造陆建成的，是中国最大的人工港。现有水陆域面积近 200 km^2，其中陆域面积 47 km^2，规划到 2010 年港口陆域总面积达 100 km^2。目前，主航道长 44 km，航道底宽最宽达 260 m，航道水深最深已达 19.5 m，20 万 t 级船舶可以随时进港，25 万 t 级船舶可以乘潮进港。天津港主要分为北疆、南疆、东疆和海河四大港区，共拥有各类泊位 140 余个，岸线长18.1 km，生产用泊位 78 个，设计通过能力 21 399 万 t，集装箱通过能力 525 万 TEU。北疆港区以集装箱和杂货作业为主；南疆港区以干散货和液体散货作业为主；海河港区有6 000 t 级以下泊位 15 个；东疆港区为天津港的一个新港区，规划面积为30 km^2。

天津港经济腹地广阔，发展潜力巨大。目前，天津港能够服务和辐射的范围包括京、津、冀及中西部地区的 14 个省、市、自治区，总面积近 500 万 km^2，占全国国土面积的 52%。天津港 70%左右的货物吞吐量和 50%以上的口岸进出口货值来自天津以外的各省区，对腹地的辐射力和影响力较强。

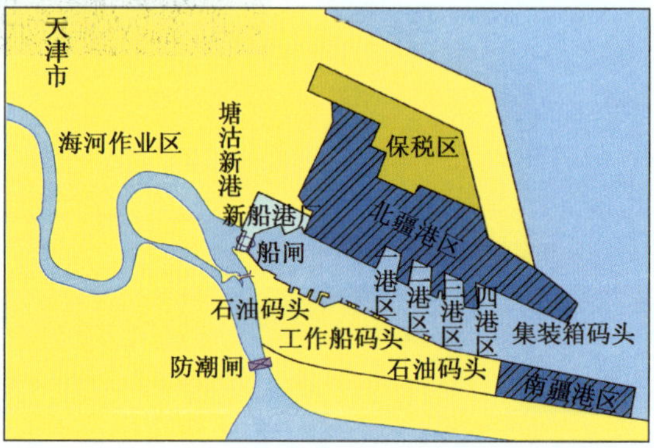

天津港港区位置示意图

随着环渤海经济的振兴、中部崛起和西部大开发的推进，天津港腹地经济发展潜力巨大，为天津港提供了良好的条件。2005 年，天津港完成货物吞吐量 2.4 亿 t，居世界港口第 6 位。集装箱完成 480 万 TEU，居世界集装箱港口第 16 位。

天津港的现代化水平全国领先。通过广泛采用新技术、新装备、新工艺，天津港的港口现代化、信息化程度在全国港口中位居前列。天津港拥有世界上最先进的连续装卸船设备，南疆港区采用的 10 km 长皮带长廊煤炭输送技术创世界之最。天津港建立了国际贸易与航运服务中心及电子口岸，可为客户提供快捷、高效的口岸“一站式”服务。

武汉新港夜景

武汉新港

——长江中游航运中心

武汉新港成立于 2010 年，由原武汉港和黄冈市、鄂州市、咸宁市的部分港区组成。武汉新港岸线总长 862 km，其中长江 749 km，汉江 113 km，共规划港口岸线 309 km，其中已利用 76 km，规划利用 112 km，规划预留121 km。共规划各类生产性泊位 1 126 个，其中：已建 772 个、在建 62 个、集装箱 74 个、汽车滚装 13 个，形成通过能力 6.17 亿 t，其中：集装箱 1 450 万 TEU、汽车滚装 194 万辆。

武汉新港以 26 个港区建设为基础，重点规划建设 2 大集装箱港区、1 个新港商务区、5 座临港新城、12 个临港产业园区，目标是把武汉新港打造成为集现代航运物流、综合保税服务、临港产业开发为一体的现代港、国际港、枢纽港。

(1) 1 个新港商务区。建设具有企业总部、航运服务、商业贸易、企业咨询、商业保险、船员俱乐部、旅游休闲及地产开发等功能的商务区，形成武汉新港的综合服务中心、中部地区最重要的临港商务区。

(2) 2 大集装箱港区。包括阳逻、白浒山港区。采取"集装箱港＋综合保税区＋港口工业园"的模式，区港联动发展。阳逻港区：阳逻港是长江中游唯一天然深水港，二期工程竣工后，以集装箱、钢铁、件杂货运输为主，主要服务湖北北部、河南南部、陕西安康等区域，常年可通航 5 000 t 级船舶，年吞吐能力可达到 100 万 TEU，货物无须中转，可直达日本、东南亚等近海国家和地区，成为长江中上游最大的集装箱码头。白浒山港区：以集装箱、化工原料及制品运输为主，主要服务于湖北北部、南部等区域。

(3) 5 座临港新城。包括阳逻临港新城、花山－北湖临港新城、葛华临港新城、黄州临港新城和咸嘉临港新城。阳逻临港新城：形成以综合物流配套、钢铁及深加工、粮食物流、煤炭中转运输为主导产业的现代临港产业新城。花山－北湖临港新城：形成以乙烯及下游产品、盐化工和精细化工、综合物流配套等为主导产业的北湖化工产业新城，培育科技服务、休闲度假、旅游服务等生态产业的科技生态新城。葛华临港新城：形成以电子信息、汽车电子、生物医药、精细化工等主导产业的现代产业基地，重要的科技生态新城。黄州临港新城：形成以港口物流、钢铁深加工、汽车零配件、新材料及新包装、轻工纺织、农产品加工为主导产业的现代化临港产业新城。咸嘉临港新城：形成以港口物流业、纺织服装、森工、机电制造、生物医药等为主导产业的现代化临港产业新城。

(4) 12 个临港产业园区。依托港口岸线，布局建设赤壁、潘家湾、纱帽、金口、军山、汉口北、白浒山、古龙、团风、三江、张家湾、五丈一杨叶 12 个临港产业园区。

南京港

南京港
——中国内河航运第一大港

南京港位于长江下游的江苏省南京市，距吴淞口 347 km，是中国内河航运第一大港。

南京港具有悠久的历史。早在三国时就成为军港和商港，元代和明代时期是南粮北运起运港口之一，也是明代航海家郑和下西洋的基地港。1882 年，南京建成了第一座趸船式轮船码头。中华人民共和国成立后，对南京港进行了改造与大规模扩建。特别是改革开放以来，南京港获得了突飞猛进的发展。1978 年油港开业，南京港成为当时我国内河最大的油港。1984 年新生圩外贸港区建成，南京港成为当时我国内河最大的外贸港口。1987 年，中美合资南京国际集装箱装卸有限公司成立，南京港成为当时我国内河专业化程度最高的集装箱港口。1990 年，南京港惠宁码头有限公司成立，南京港成为当时我国内河最先进的专业化散货装卸港口。2002 年底商品汽车滚装泊位正式投入使用，南京港又成为长江上唯一拥有专业化滚装泊位的港口。2004 年 3 月底，龙潭集装箱港区试投产，新增 52 万 TEU 吞吐能力。南京港在内河港口的地位更加显赫，已成为我国华东地区及长江流域地区江海换装、水陆中转、货物集散和对外开放的多功能的江海型港口，2005 年货物吞吐量已突破亿吨。

南京港航道水深，港区宽阔，自然条件良好。自龙爪岩至燕子矶，航道维护水深 10.5 m，宽大于 200 m，航道转弯半径远远大于 5 倍通航船舶的船长，满载吃水 9.7 m 以下的海船可常年通航。南京港公共装卸生产码头主要分布在上元门港区、浦口港区、新生圩港区、栖霞港区和仪征港区。

南京港经济腹地深入长江水系 12 个省(直辖市)。铁路有津浦、沪宁、宁铜 3 条干线在此交会。公路有宁沪、宁合、宁扬、宁杭和宁芜等线。水路顺长江东下 347 km 到吴淞口。除长江干支流外，还可东通京杭运河，北至淮河水系，南入太湖。港区又是鲁宁输油管线终端。

南京港港区示意图

上海港

上海港
——世界第一大港口

上海港位于我国大陆海岸线中部长江三角洲前缘，地处长江东西运输通道与海上南北运输通道的交汇点，是世界第一大港口。

早在公元 746 年的唐代，人们就在青龙镇(今上海市青浦区)发展港口，供船舶往来停靠。进入宋代，青龙镇被称为“江南第一贸易港”。后因河道淤浅，约 1265 年港口易址上海镇，并设市舶提举司。1403—1404 年，经大规模整治，形成黄浦江。1840 年鸦片战争后，上海港被迫对外开放。1853 年起，上海超过广州成为全国最大的外贸口岸。19 世纪 70 年代后，上海港成为全国的航运中心。20 世纪初，黄浦河道局对吴淞口和黄浦江的局部河段进行了整治和疏浚，万吨级船舶可以乘潮进入黄浦江，适应了当时船型发展和经济发展的要求。20 世纪 30 年代，上海港已经成为远东航运中心，年货物吞吐量一度高达 1 400 万 t；船舶进口吨位居世界第七位，上海成为世界上重要的港口城市。

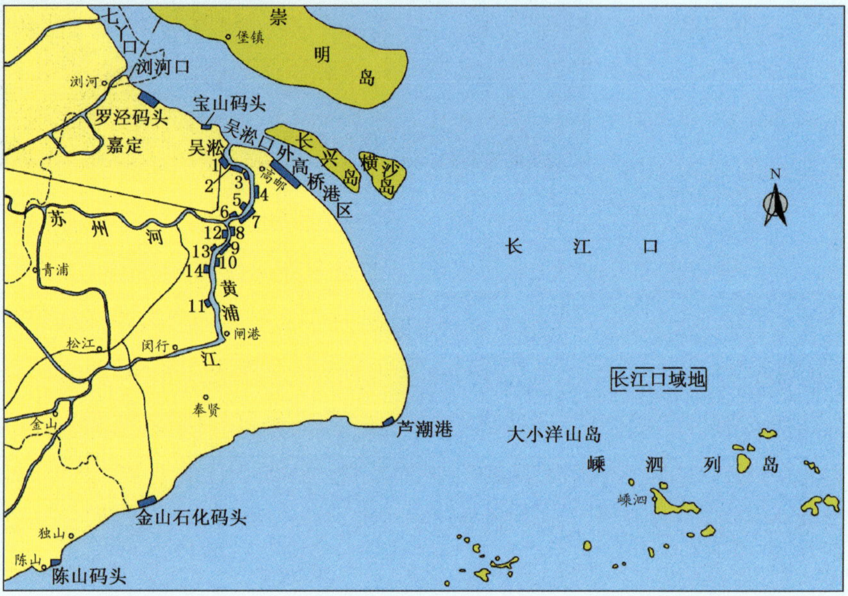

1—张华浜港区；2—军工路港区；3—共青路港区；4—民生港区；5—汇山港区；6—高阳港区；7—新华港区；8—东昌港区；9—煤炭港区；10—南滩港区；11—关港港区；12—十六铺码头；13—复兴码头；14—开平码头。

上海港港区示意图

新中国成立后，开辟了张华浜、军工路、共青路、朱家门、龙吴五个港区，在长江口南岸建了宝山、罗泾和外高桥港区。此外，宝钢集团、石洞口电厂、外高桥电厂等也各自建了专用码头，上海港吞吐能力不断扩大，对上海市的建设和长江流域以及全国经济发展发挥了重要的促进作用。2005 年 12 月 10 日，洋山深水港区一期工程建成投产，洋山保税港区同时启用，标志着上海国际航运中心建设取得了重要的阶段性成果。截至 2006 年底，上海港港区拥有各类码头泊位 1 140 个，其中万吨级以上生产泊位 171 个，码头线总长为 91.6 km。内河港区有码头泊位 818 个，最大靠泊能力 3 000 t 级。

截至 2016 年底，上海港已与全球 214 个国家和地区的 500 多个港口建立了集装箱货物贸易往来，拥有国际航线 80 多条。2020 年，上海港集装箱吞吐量全年达 4 350 万 TEU，接连 11 年居世界第一。